水害多発時代の
流域治水
自治体における組織・法制・条例・土地利用・合意形成

［編著］内海麻利　日本都市センター

［著］大谷基道　髙野裕作　瀧健太郎
　　　田中尚人　中村晋一郎　松川寿也

第一法規

はじめに

本書の趣旨

　本書は、水害多発時代における自治体の流域治水の考え方と方策を検討し、提示するものである。

　「治水」とは「水流を改良し、河川の氾濫などを防ぎ、運輸や灌漑への便を図ること」であり、近代の治水においては、放水路、堤防、ダムの建設、掘削などのハード事業を中心にその対策が行われてきた。しかし、気候変動による豪雨災害の頻発、激甚化を背景として、治水の方策が新たに見直され「流域治水」という概念が登場する。具体的には、河川だけでなく洪水の広がりやすい地域全体を見て、その地域に合わせて洪水を防ぎ、さらに被害を減らすための土地利用規制などを組み合わせて水と国土を総合的に管理する対策であるとされている（国土交通省）。

　このように、「流域治水」という概念は登場したものの、この概念が何を意味するのかは必ずしも明確にされているわけではない。人と水との関係を歴史的に見るならば、「従来の治水」が水害に抵抗するものであったのに対して、新たに登場した「流域治水」は、"水と人が調和"するシステム（法則及びこれを探り実施する行動指針もしくは作法）にその原理がある。水害多発時代において各自治体が防災・減災対策を講じるには、この「流域治水」への原理の転換を踏まえ、その原理に基づく方策が必要である。

　流域治水への転換にあたっては、気候変動に対応するため、リスクを判断材料にしなければならない点、対象範囲が広範にわたり負担と受益の乖離が拡大する点、人口減少・超高齢化時代の集約的都市構造との親和性を考慮することが求められる点、自然の機能を活用する点（例えば、グリーンインフラの活用）などの課題がある。そして、こうした課題に対応するためには、少なくとも国・都道府県・市町村の役割の明確化と、組織や制度の総合化、地域住民の理解と協力が不可欠となる。こうしたなか、2021年に流域治水に関

はじめに

する9つの法律[1]を改正する「特定都市河川浸水被害対策法等の一部を改正する法律」(以下「流域治水関連法」) が施行された。

以上のような新たな局面において、自治体は流域治水に対してどのような対応を行えるのか。本書では、流域治水の原理を踏まえてその考え方と方策を検討し、提示する。

なお、本書は2023年度実施された「気候変動に対応した防災・減災のまちづくりに関する研究会」(日本都市センター) の委員らが調査と議論を重ねた成果である[2]。

本書の構成と要点

下に示すとおり、本書は8章構成となっている。このうち、第1章と第2章は、流域治水の原理と自治体における対応の考え方を示すいわば「原理編」である。そして、第3～8章は、原理編に基づいて、自治体が流域治水を推進していくための方策に必要な検討内容や事例を示す「方策編」である。

【原理編】
　第1章　水害多発時代の流域治水の原理（中村晋一郎）
　第2章　自治体における流域治水政策（瀧健太郎）

【方策編】
　第3章　流域治水政策における自治体の位置づけと主体間の連携（髙野裕作）
　第4章　流域治水に対応する組織・人員体制のあり方（大谷基道）

---

1) 特定都市河川浸水被害対策法、河川法、下水道法、水防法、土砂災害警戒区域等における土砂災害防止対策の推進に関する法律、都市計画法、防災のための集団移転促進事業に係る国の財政上の特別措置等に関する法律、都市緑地法、建築基準法。
2) この研究会については、https://www.toshi.or.jp/research/18495/ に詳しい。また、この研究会にて実施したアンケート「都市自治体における水害に対する防災・減災のまちづくりに関するアンケート」(実施期間：2023年7月21日～8月16日)(本書では「日本都市センターアンケート2023」と表記) については、https://www.toshi.or.jp/publication/19458/ に詳細が掲載されている。

第5章　流域治水条例の傾向と総合性・合理性（内海麻利）
第6章　水害多発時代における都市計画制度上の論点(市街地編)（松川寿也）
第7章　都市計画制限による流域治水の実践と取組み(農村部編)（松川寿也）
第8章　流域治水におけるまちづくりと合意形成（田中尚人）

各章の要点は次のとおりである。
　第1章（中村執筆）では、水害多発時代といえる日本の状況を解説するとともに、流域治水の原理とその意義、課題を示している。日本の治水の歴史を振り返ると、流域治水への取組みは近代以降もっとも大きな転換点といえる。第1章では、流域治水は、川に閉じた治水から流域へ開かれた治水への転換であり、気候変動・人口減少社会を見据えた上で最良の選択であることは間違いないとする。しかし、水害に抵抗する「従来の治水」とは異なり、"水と人が調和"するシステムという流域治水の原理に基づくことは、決して簡単ではないことがここ数年の取組みや議論から明らかになりつつある。第1章では、このような日本の治水の歴史を振り返り、これまでの治水と流域治水の違いを鮮明にした上で、流域治水を実現するための意義と課題を河川計画の視点から提示している。流域治水の実現に向けた主な課題には、「リスクを受ける側とベネフィットを受ける側の空間的乖離」、「見えにくい効果」、「土地固有のリスクへの社会的合意」などがある。

　第2章（瀧執筆）では、自治体の流域治水政策の先駆的事例と評される滋賀県の取組みを牽引してきた筆者が、その取組みのなかで検討した制度創設の背景、設計思想、制度の枠組みと内容を、自治体行政の立場と水工学・土木計画学の立場から考察した上で、その要点を示し、"自然と人との共生"という流域治水の本質の重要性を提示している。具体的には、滋賀県条例の思想に基づく、河川管理と氾濫原管理との関係の再構築、リスクコミュニケーション、浸水警戒区域（災害危険区域）の指定の考え方、これらを推進していくための体制などについて、実際の政策形成プロセスを振り返りながら解説

はじめに

している。そして、これまでの河川整備を中心とした治水の限界を指摘し、流域治水の原理を構築する上で、地域の固有性を重視したグリーンインフラや、それらを駆動するボトムアップアプローチが不可欠であることを示している。

　第3章（髙野執筆）では、流域治水政策における自治体の位置づけ、役割について制度・施策への取組み状況と、主体間の連携の観点から検討している。流域治水関連法によって創設された制度、新たに位置づけられた事業等の施策は多岐にわたり、これらを運用し、実施する主体も国、都道府県、自治体、事業者等とさまざまである。第3章では、これらの制度・施策を体系的に示し、このうち自治体の取組みへの影響が大きいものについて概観するとともに、特定都市河川への指定に伴う土地利用規制に関連した取組み状況を、公開資料とアンケート調査をもとに明らかにしている。また、流域治水政策においては流域の関係主体間の連携が重要となる。第3章では自治体から見た他の関係主体との連携の意義とあり方について、特に協議会への参加の実態を、アンケート調査を素材に分析・検討している。

　第4章（大谷執筆）では、流域治水関連施策の推進にあたり、どのような組織体制が望まれるのか、また、そのような組織に配置すべき人材をどのようにして確保すべきなのかという2つの論点を中心に、自治体の組織体制と人材の確保・育成の現状と課題を明らかにした上で、今後自治体が取るべき方策を検討している。具体的には、第一に、流域治水担当部署の組織体制について、アンケート調査の結果に基づいて流域治水に対応できない自治体組織の現状を明らかにしている。そして、先進的な事例を取り上げ、どのような組織体制が流域治水関連施策の推進に効果的なのかを、特に河川管理担当部署や防災担当部署との関係、配置すべき人員・職種などに焦点を当てて検討している。第二に、流域治水担当部署に配置すべき技術系専門職種が不足している現状を確認し、その原因を明らかにした上で、急激な改善は極めて困

難であることを示し、事務職での代替など当面の対応策を検討する。さらに、第33次地方制度調査会の答申でも言及された、「他の自治体との連携による専門人材の確保・育成」についても検討を加えている。

　第5章（内海執筆）では、先駆的自治体で法令に先立ち制定され、現在、全国的に広がりつつある「流域治水における水害を中心とした防災に関する自主条例」（以下「流域治水条例」）の実態を紹介し、これらの条例の傾向を流域治水に求められる総合性・合理性の観点から自治体が制定すべき条例のあり方を提示している。自治体の流域治水への対応は、自治体の管轄の拡大と手法の多様化をもたらす。それによって自治体には総合的行政（総合性）が求められ、また、流域治水の正当性を担保するための科学的根拠の提示と、住民の理解に基づく施策の実現（合理性）が求められるようになる。そこで第5章では、自治体が流域治水に関する権限と責務を行使するためのツールとなる「条例」に着目し、総合性と合理性という観点から検討する。具体的には、第一に、都道府県の流域治水条例の内容を手法別に整理し、総合的かつ合理的な取組みを牽引する先駆的な事例を紹介する。第二に、新たに流域治水の管轄が拡大した市町村の意向を確認した上で、市町村の流域治水条例を類型化し、その傾向が顕著な事例を総合性・合理性という観点から考察する。そして、こうした考察から、流域治水への転換における都道府県と市町村の役割分担と、流域治水の総合的・合理的方策を提示している。

　第6章・第7章（松川執筆）では、治水の領域が河川の流域に拡大することで、新たな手法として期待される法律（法律事項を自治体の条例に委任する、いわゆる「委任条例」も含む）による土地利用制度の実態と課題、そしてその運用方策を都市計画の観点から検討している。この都市計画の観点からの検討は、都市計画法などの法定の土地利用計画制度の枠内で水害多発時代に向き合うための方策であるといえ、その方策は都市と農村の二側面から検討することが必要となる。そこで、本書では、都市の市街地部に相当する市街化

はじめに

区域（第6章）と、農村部に相当する市街化調整区域（第7章）のそれぞれの領域について章をわけて、法定の土地利用計画制度運用時の水害リスク対応の動向や近年の実践例を取り上げながら検討を加えている。

第6章では、「溢水、湛水、津波、高潮等による災害の発生のおそれのある土地の区域」での市街化区域の指定を禁止する都市計画基準が適切に機能しなかったことで、結果的に浸水想定区域を広く抱える市街化区域を生じさせた実態を明らかにしている。その上で、こうした実態に対して、都市再生特別措置法に定められた立地適正化計画を題材とし、流域治水対応とコンパクトシティ政策との親和性や、防災指針等の運用による対応の可能性を検討している。

第7章では、農村部の市街化調整区域において流域治水を実施するための方策を検討している。市街化調整区域で開発許可制度を緩和する委任条例を題材とし、浸水想定区域内外に関係なく散発的市街化を促している実態を踏まえて、開発許可制度の緩和を継続しながらも、浸水被害を軽減させている事例を紹介する。また、農村部の流域治水の方策として施行された改正都市計画法に対する取組みの現状を示している。

第8章（田中執筆）では、水害多発時代を迎えた今日において、災害があっても命を落とさない、水と人とが調和し、自治体が流域治水の合理性を獲得するための地域の合意形成を可能にするまちづくり（社会・環境づくり）を事例に基づいて検討している。具体的には、今日求められている科学的な知見も踏まえた環境の歴史の読み解きと流域治水における参加型創造的自治のためには、第一に、社会や環境の現状を地域に即して読み解く作業、第二に、地域における生活・生業の成り立ちを水との関係を踏まえて振り返る作業、第三に、行政、コミュニティ、関係組織などの水や水害に関する思いや考えを認め合い、生活を維持、発展させるための活動に展開していく場づくりが必要となる。そのために自治体のとるべき実践方策を事例から検討している。

はじめに

　以上の8つの章に示された流域治水の考え方とその原理を踏まえた方策が、水害多発時代に直面する自治体において、新たな治水に踏み出す一助となれば幸いである。

2024年9月

編者　内海　麻利

目　次

はじめに ……… *i*

第1章　水害多発時代の流域治水の原理

第1節　水害多発時代の到来と近代治水の転換 ……… *2*

第2節　日本の治水の歴史からみる流域治水の特徴 ……… *3*
　1　近代治水のはじまりとその成立 ……… *3*
　2　高度成長社会における治水の変容 ……… *5*
　3　流域治水の誕生 ……… *8*

第3節　土地固有のリスクの形成過程 ……… *9*
　1　旧特定都市河川浸水被害対策法と流域治水の違い ……… *9*
　2　土地固有のリスクの形成事例―岡山県倉敷市真備町― ……… *11*

第4節　土地固有のリスクに応じた
　　　　土地利用の形成に向けて ……… *14*
　1　経済成長型ナショナル・ミニマムの限界 ……… *14*
　2　土地固有のリスクに応じた
　　　水と人々の生活が調和する治水へ ……… *17*

第5節　水と人が調和した流域治水に向けて ……… *19*

第2章　自治体における流域治水政策

第1節　流域治水実務の視点から ……… *24*
第2節　滋賀県における流域治水制度の設計思想 ……… *24*
　1　構想背景および動機 ……… *24*

2　制度設計の考え方──河川管理と氾濫原管理の分離 27
第3節　流域治水政策の概要 30
　　1　政策目標と枠組み 30
　　2　地先の安全度 32
　　3　氾濫原減災対策──土地利用・住まい方の工夫 36
　　4　制度導入に至った要因 37
第4節　制度適用──リスクコミュニケーション 38
　　1　実施体制とリスクコミュニケーション 39
　　2　区域指定までの手続き 41
　　3　区域指定に至った要因 41
第5節　流域治水とグリーンインフラ、総合政策 46
　　1　霞堤から紐解く流域治水 47
　　2　流域治水とグリーンインフラ 51
　　3　小さな流域治水──ボトムアップのアプローチ 52

第3章　流域治水政策における自治体の位置づけと主体間の連携

第1節　自治体が関わる流域治水の取組みの全体像 58
　　1　自治体が関わる流域治水の法制度の概観 58
　　2　主体間の連携の意義 61
第2節　流域治水関連法に基づく土地利用関係の制度とその取組み状況 62
　　1　特定都市河川への指定の現状 62
　　2　特定都市河川における土地利用関係の制度 64
　　3　今後の展望 66

第3節　流域治水政策における主体間連携の枠組み 67
 1　「流域治水協議会」と「流域水害対策協議会」................ 67
 2　流域治水協議会・プロジェクトと主体間の連携 69
 3　流域治水政策における主体間連携に関する総括 72

第4章　流域治水に対応する組織・人員体制のあり方

第1節　流域治水の担い手と自治体の現状 76
 1　流域治水とこれまでの河川管理の担い手の違い 76
 2　自治体の職員数の現状 77

第2節　流域治水の推進に係る組織体制 79
 1　流域治水の推進に求められる組織体制 79
 2　藤枝市水害対策室 81
 3　武雄市治水対策課 82
 4　伊勢崎市治水課 83

第3節　土木職職員の確保 84
 1　土木職の採用状況 85
 2　土木職の採用に向けた取組み 89
 3　中途採用による補完等 91
 4　他自治体との連携による土木職の確保 92
 5　土木職育成の現状と課題 93

第4節　流域治水の推進に向けて期待される対応 95

第5章 流域治水条例の傾向と総合性・合理性

第1節 流域治水の意味と条例検討の視点 ········· 100

第2節 流域治水関連法にかかわる
　　　 都市計画・土地利用の変更 ········· 104

第3節 都道府県における流域治水条例とその取組み ········· 106
　1 都道府県の流域治水条例の傾向 ········· 106
　2 都道府県条例における行為規制の内容 ········· 108
　3 総合的・合理的先駆的事例：
　　「滋賀県流域治水の推進に関する条例」 ········· 110

第4節 市町村における流域治水に関連する意向と
　　　 流域治水条例 ········· 113
　1 市町村の流域治水に関する意向 ········· 113
　2 市町村の都市計画・土地利用関連条例の傾向と
　　 流域治水条例 ········· 116
　3 「行為規制型」流域治水条例：
　　「伊豆市水害に備えた土地利用条例」 ········· 121
　4 「総合型」流域治水条例：
　　「岡山市浸水対策の推進に関する条例」 ········· 123

第5節 流域治水条例にみる
　　　 都道府県と市町村の役割と総合性・合理性 ········· 127
　1 流域治水における都道府県と市町村の役割 ········· 127
　2 空間的管轄・機能的管轄の総合性 ········· 129
　3 流域治水の合理性 ········· 130
　4 自治体における流域治水の構築と総合性・合理性 ········· 131

第6章 水害多発時代における都市計画制度上の論点（市街地編）

第1節 市街地部での都市計画による流域治水対応 ………………… 134
第2節 区域区分制度運用時の水害ハザード区域の扱い ………… 135
  1 区域区分制度と同制度における水害リスクへの備え ………… 135
第3節 立地適正化計画制度での
    水害リスク対応の論点 ………………………………………… 142
  1 立地適正化計画で指定する誘導区域と
    同区域指定時の水害リスク対応 ………………… 142
  2 立地適正化計画制度での水害リスク対応の現状 ………… 145
  3 水害リスクと共存する居住誘導区域とその施策のあり方 ……… 150
第4節 総括——市街地部での都市計画による
    水害リスク対応の論点 ………………………………………… 152

第7章 都市計画制限による流域治水の実践と取組み（農村部編）

第1節 農村部での都市計画制限による流域治水対応 ……………… 156
第2節 開発許可条例制度化初期での
    水害リスクの捉え方とリスク対応の実践 ………………… 157
  1 開発許可条例と同条例運用時のハザード区域の扱い ……… 157
  2 3411条例運用に際しての災害リスクの捉え方 ………… 160
  3 水害リスクに対応した開発許可条例の萌芽的実践 ………… 163
  4 開発許可条例の運用改善による水害リスク対応と
    その課題 ………… 168

| 第3節　都市再生特措法等の改正に伴う
　　　　開発許可制度の見直し ································ *169*
　　1　技術的助言で定められた内容の解釈 ········· *170*
　　2　技術的助言を受けた開発許可制度の見直し事例 ····· *174*
　　3　リスクを考慮した許可制度の定着化に向けて
　　　　求められるもの ·············· *181*
第4節　総括──農村部での個別開発、
　　　　建築行為に対する水害リスク対応 ············· *182*

第8章　流域治水における
　　　　まちづくりと合意形成

第1節　高齢社会における水辺のまちづくり ············· *186*
　　1　高齢社会、水害多発時代の地域コミュニティ ········· *186*
　　2　まちづくりにおける合意形成・協働 ············· *187*
　　3　都市と農村における
　　　　水辺とコミュニティとの関わり方の違い ············· *189*
　　4　流域治水に求められるまちづくりにおける3つの協働の場 ····· *190*
第2節　事例にみる流域治水に資する協働のあり方 ····· *193*
　　1　文化的景観として読み解く
　　　　水辺と地域コミュニティとの関わり方 ············· *193*
　　2　災害からの復興における多様な協働の姿 ····· *196*
　　3　かわまちづくりと流域治水
　　　　──菊池川のかわまちづくり ············· *202*
　　4　日本都市センターアンケートにみる
　　　　流域治水におけるまちづくり観 ············· *204*
第3節　参加型自治による合意形成・協働の文化的処方 ········· *207*

目　次

  1　地域の環境・社会・経済の仕組みを捉え直す……………207
  2　水辺の暮らしを学び、
　　　地域のすがたを描く挑戦を繰り返す……………208
  3　ふるさとをともにかたり続ける仕組みをつくる
　　　――記憶の継承……………*210*

あとがき……………*215*
事項索引……………*217*
著者紹介……………*220*

第1章

水害多発時代の流域治水の原理

第1章　水害多発時代の流域治水の原理

第1節
水害多発時代の到来と近代治水の転換

　日本は、モンスーンアジアに位置し、多雨多湿な気候と島国特有の急峻な国土を有している。この国土の条件により、日本は常に水災害のリスク下に置かれている。毎年のように日本のどこかで水災害が発生し、人々はその被害を軽減するために、川へとさまざまな働きかけ、すなわち治水を行ってきた。この長い日本の治水の歴史において、2021年11月に施行された「特定都市河川浸水被害対策法等の一部を改正する法律」（令和3年法律第31号。通称「流域治水関連法」）は、画期的な転換点になるだろう。

　近年、歴史的な水害多発時代を迎えている。2015年9月関東・東北豪雨、2017年7月九州北部豪雨、2018年7月豪雨、そして2019年東日本台風と、毎年のように各地を豪雨が襲い、凄惨な被害が生じている。中でも、2018年7月豪雨では、1982年の長崎水害以来となる200名以上の死者・行方不明者が生じた。岡山県倉敷市の北部位置する真備町では、地区の3分の1近くが浸水し51名（災害関連死を除く）の方々が犠牲となった。気象庁は、この被害を生んだ豪雨は気候変動の影響によって約6.5%増加していたと試算している。気候変動の影響は着実に顕在化している（社会資本整備審議会2020）。

　このような気候変動による災害の激甚化・頻発化を受けて始まった流域治水は、これまでの河川管理者が主体となって行う河川整備等の事前防災対策を加速化させることにあわせて、あらゆる関係者が協働して流域全体で総合的かつ多層的な対策を行う、新たな考えに基づく治水である（国土交通省2023）。水害多発時代において、流域治水を着実に推進するためには、社会全体でその役割と意義、そして課題を共有し、関係者がその実現に向けて協働することが不可欠である。

　本章では、この流域治水の実現に向けた始点として、流域治水とこれまで

の治水との違いを、近現代の治水の歴史を振り返ることで明確にし、それを踏まえて、流域治水を実現する上でのいくつかの課題を提示する。本章を通して、流域治水の役割と意義、そして課題の共有を目指したい。

第2節 日本の治水の歴史からみる流域治水の特徴

1　近代治水のはじまりとその成立

　1854年の開国とともに、日本の政治、経済、福祉、教育、そしてインフラ等に関する近代制度の整備が開始された。明治初期、河川の分野では、近代的な河川管理を行うために、1868年に「治河使」と呼ばれる行政組織が設置され、「治水策要領」や「治水法規」などの近代制度の整備が進んだ。技術面では、オランダからやってきたお雇い外国人たちが、河川改修に関する当時のヨーロッパの最新の科学技術をもたらし、それに基づいた河川の改良事業が実施された。明治初期の河川事業の中心は、舟運のための河道の安定を図る「低水事業」と、山間部からの土砂流出を抑制する「治山事業」であり、水害防御を目的とした「高水事業（治水事業）」が実施されたのは木曽川などの一部の河川のみであった。しかし、明治中期になると、社会の工業化とともに全国で水害被害が多発し、高水事業の機運が高まった。その結果、1896年に日本で最初の河川法が施行され、全国の主要な河川で高水事業が本格的に開始された。この当時の高水事業では、過去に起こった洪水と同規模の洪水を可能な限り安全に素早く海へと流すために、河道の拡幅や築堤が実施された。なお、このような過去に起こった洪水と同規模の洪水を防御することを目標とした治水計画のことを「既往最大主義」と呼ぶ（中村2021）。

その後、大正、昭和初期にかけて、日本の近代化、そして富国強兵が進むにつれ、都市での水道水源や電力などの新しい水需要が増加し、「河水統制」の名の下、ダム貯水池の導入が部分的に始まった。そして終戦を迎え、日本の各地で水害が多発した。**図表1-1**は、明治から現在までの水害による死者・行方不明者数と被害額の推移を示している。この図が示すとおり、第二次世界大戦直後から約十年の間に、1945（昭和20）年9月枕崎台風、1947（昭和22）年9月カスリーン台風、1953（昭和28）年西日本大水害など歴史的大水害が各地を襲い、全国で1万2千人を超える死者・行方不明者が発生した。この数は、終戦から現在までの水害による死者・行方不明者数の約4割に当たる。

　特にカスリーン台風では、埼玉県栗橋付近で利根川の堤防が大決壊し、そこから流れ出た濁流が関東平野、そして東京東部を襲った。この歴史的大水害を重く見た当時の政府は、全国の治水計画を再検討するとともに、その中で治水の主要対策としてそれまでの河道整備（河道の拡張や築堤）に併せて、ダム貯水池による洪水の貯水を河川事業へと本格的に導入した。そして、それまでの既往最大主義に変わり、流域の資産などを考慮して河川の重要度を設定し、その重要度に応じて「100年に1度」といったような確率による治水の安全度（治水計画の目標）を設定する新たな計画の考え方である「確率主義」が導入された。また、1959（昭和34）年には、我が国最悪の死者・行方不明者を出した伊勢湾台風が発生し、この甚大な被害を受けて、1960（昭和35）年に「治山治水緊急措置法」及び「治水特別会計法」、翌年には国や地方公共団体が一体となって防災行政を行うことを定めた「災害対策基本法」が制定され、現在まで続く水害対策の基盤が形成された（中村2021）。

図表1-1　明治から現在までの水害被害の推移

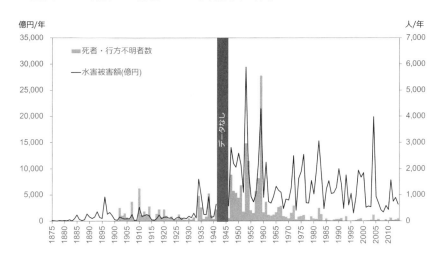

出典：1875年～2013年については「平成25年水害統計調査、明治以降の水害被害額等の推移（表-44）」より、2014年については「平成26年水害統計調査」より

2　高度成長社会における治水の変容

　1950年代後半から始まった高度成長期を経て、日本の大都市への急激な人口流入が進んだ。大都市では水不足が深刻化し、それを解消するために多目的ダムなどのダム貯水池の建設が全国で進んだ。1964（昭和39）年には河川法が全面改正され、これまでの治水にあわせて利水が河川管理の目的として位置づけられるとともに、現在まで続く、建設大臣（現国土交通大臣）が管理する一級河川、都道府県知事が管理する二級河川、市町村長が管理する準用河川といった、河川管理の体制が構築された。また、大都市では市街地の拡大とそれに伴う急激な流域の開発が進み、1970年代には「都市型洪水」と呼ばれる都市での水害が頻発した。よって、1979（昭和54）年には都市を流れる河川を対象に「総合治水対策特定河川事業」が創設され、都市河川において「総合治水」が進められた。

総合治水では、国と都道府県、市町村の河川部局そして都市・住宅・土地担当部局等からなる協議会を設け、これまでの河道対策やダム貯水池といったハード対策にあわせて、流域の保水・遊水機能を回復するための調整池の整備や雨水タンクの設置、透水性舗装の推進、そして無秩序な開発を防ぐ土地利用規制の導入といったソフト対策を治水対策に位置づけ、流域全体での水害被害軽減に向けた取組みが進められた。総合治水の対象となった河川（総合治水対策特定河川）は東京の神田川、東京・神奈川の鶴見川、愛知の新川などを含む全国の都市部を流れる17の河川であった（国土交通省2010）。

　しかし、その後も都市における開発の勢いは止まらず、都市部の浸水被害が頻発する実態を受けて、2004（平成16）年には特定都市河川浸水被害対策法が施行され、都市部を流れる鶴見川・新川・寝屋川・巴川の4河川が特定都市河川に指定された。特定都市河川浸水被害対策法では、総合治水でも実施されていた保水・遊水機能の維持・向上に関する流域対策に対してより強い法的拘束力を与え、河川管理者自ら雨水貯留浸透施設を整備できるようにするなど、条例による規制対象の拡大が可能となった（国土交通省2010）。総合治水での対策と特定都市河川浸水被害対策法の違いを**図表1-2**に示す。この図表から、特定都市河川浸水被害対策法では都市部の地方自治体や地方管理者に流域対策に関する多くの権限が与えられるようになったことが分かる。

第2節 日本の治水の歴史からみる流域治水の特徴

図表1-2 総合治水対策と特定都市河川浸水被害対策法（改正前）の違い

項目		特定都市河川浸水被害対策法（改正前）	（条項）	総合治水対策 （S55.5.15 事務次官通達を要約）
関係機関等		河川管理者、都道府県及び市町村長、下水道管理者		流域総合治水対策協議会 （地方整備局、都道府県及び市町村の河川担当部局、都市・住宅・土地担当部局等の関係部局）
河川等の指定		特定都市河川及び特定都市河川流域の指定	（第3条）	総合治水対策特定河川の指定
計画の策定		流域水害対策計画の策定（法定計画）	（第4条）	流域整備計画の策定（任意）
保水・遊水機能の維持・向上	雨水貯留浸透の整備	河川管理者が雨水貯留浸透施設を設置し、又は管理することができる （河川管理者による雨水貯留浸透施設の整備）	（第6条）	団地の棟間、運動場、広場等での貯留を促進する
	雨水浸透阻害行為	雨水の浸透を著しく妨げるおそれのあるものとして、政令で定める規模以上のものをしようとする者は、あらかじめ都道府県知事の許可を受けなければならない	（第9条・第11条）	歩道における透水性舗装の適用等保水機能の向上に<u>努める</u>
	調整池に対する取組み	（保全調整池） 都道府県知事は、浸水被害の防止に有用であると認められるものを、保全調整池として指定することができる	（第23条第1項）	大規模宅地開発等に関連して治水計画上必要な調整池の建設費に対して補助する防災調節池事業を促進する。 また、暫定的な調整池の建設費に対し、補助する特定調整池事業の創設に努め、流域整備計画において設置期間を明示するものとする。
		（防災調整池） 防災調整池の所有者等は、雨水を一時的に貯留する機能を維持するように努めなければならない	（第26条）	
		（保全調整池） 埋立て等の行為は、都道府県知事に届けなければならない	（第25条第1項）	埋立て等の行為に関する届出<u>義務なし</u>
		（保全調整池） 管理協定を締結したとき、その旨を公告し、管理協定調整池が存する旨を明示しなければならない	（第29条）	管理協定に関する<u>記載なし</u>
	土地利用の規制・誘導に関する取組み	雨水の浸透を著しく妨げるおそれのあるものとして、政令で定める規模以上のものをしようとする者は、あらかじめ都道府県知事の許可を受けなければならない	（第9条）	都市計画担当部局は、市街化区域及び市街化調整区域の決定（変更）の際に十分配慮する 市街化調整区域のうち、溢水、湛水等による災害の発生のおそれのある土地の区域については、おおむね10年以内に優先的かつ計画的に市街化を図るべき区域としての市街化区域への編入は原則として行わない
	下水道との連携	公共下水道管理者は、条例により各戸の排水設備に貯留浸透機能を付加させることができる	（第8条）	下水道事業においては、貯留機能等の確保のため、その方策を検討し、必要な措置を講ずるように努める
被害軽減対策		都市洪水想定区域、都市浸水想定区域の指定等指定及び公表	（第32条第1項 第32条第4項）	浸水予想区域の設定 （行政資料として活用、洪水による浸水実績については公表）
その他（流域住民による啓発や盛土の規制）		流域内住民の努力義務	（第5条）	流域住民に対する理解と協力を求める働きかけ（パンフレット作成等）
		盛土に関する記載なし		地域の実態に応じた盛土の抑制

出典：国土交通省（2010）

3　流域治水の誕生

　2010年代に入り、2015年の関東・東北豪雨、2017年九州北部豪雨、2018年西日本水害、2019年東日本台風、そして2020年の令和2年7月豪雨といった甚大な水害が各地を襲った。これらの水害被害の増加を受けて国土交通省は、2015年と2017年の水防法改正や「水防災意識社会」などの水害被害軽減のための制度整備を進めつつ、近年の気候変動の影響をも鑑み、2019年に「気候変動を踏まえた水災害対策検討小委員会」を設置した。2020年には本委員会から「気候変動を踏まえた水災害対策のあり方について」が答申された。この答申を受けて、2021年に流域治水関連法が制定された。この流域治水関連法では、先述の特定都市河川浸水被害対策法に加え、河川法、下水道法、水防法、土砂災害警戒区域等における土砂災害防止対策の推進に関する法律、都市計画法、防災のための集団移転促進事業に係る国の財政上の特別措置等に関する法律、都市緑地法、建築基準法の9つの法律が一体的に改正され、「ハード整備の加速化・充実や治水計画の見直しに加え、上流・下流や本川・支川の流域全体を俯瞰し、国や流域自治体、企業・住民等、あらゆる関係者が協働して取り組む」枠組みができあがった（矢内ら2023）。

　流域治水は、これまでの河川に閉じた治水から、流域へ開いた治水へと日本全体で転換するものであり、これはここまで述べてきた日本の近代治水での河川管理区域の中で洪水を流し切る方針とは異なる、その先の治水の考え方であるといってよいだろう。流域治水は、(1) 流域治水の計画・体制の強化、(2) 氾濫をできるだけ防ぐための対策、(3) 被害対象を減少させるための対策、(4) 被害の軽減、早期復旧、復興のための対策によって構成される。これらのメニューの中には旧特定都市河川浸水被害対策と同一のものを多く含むが、一番の違いは、総合治水や旧特定都市河川浸水被害対策法が上記のような東京、大阪、名古屋の都市圏などの都市部を流れる河川のみを対象としているのに対して、流域治水は都市部のみならず全国の河川を対象としている点にある。

第3節

土地固有のリスクの形成過程

1　旧特定都市河川浸水被害対策法と流域治水の違い

　近年の水害では、旧特定都市河川浸水被害対策法が対象としていた大都市を流れる河川だけでなく、県庁所在地や中核都市等の地方都市部の河川でも深刻な被害が発生している。これまでの旧特定都市河川浸水被害対策法では、都市水害の増加の要因を「市街化の進展」に求めていたが、近年の水害の特徴を鑑み、流域治水では「接続する河川の状況」又は「河川の周辺の地形その他の自然的条件の特殊性」といった市街化以外の河川の持つ自然条件の特徴によっても特定都市河川の指定が可能となった。これにより、流域治水では、特定都市河川浸水被害対策法の対象範囲が、これまでの都市部を流れる河川のみならず、全国の河川へと指定対象が拡大された。

　具体的には（**図表1-3**）のように、①市街化区域等（家屋が連担した地域の中心部や役場の立地する地域を含む）の人口・資産が集積した区域を流れる河川、②水防法第14条第１項及び第２項の各号に該当する洪水浸水想定区域の指定対象河川、そして、③従来の整備手法のみによる浸水被害の防止が費用対効果、技術的可能性、社会的影響等を勘案して困難な以下のいずれかに該当する河川である。

1) 流域内の可住地において市街化率が概ね５割以上であり市街化が著しく進展している河川
2) 接続する河川からのバックウォーター（下流側の水位が上流側の水位に影響を及ぼし上流側の氾濫リスクが高まる現象）や接続する河川への排水制限が想定される河川

3）地形（狭窄部、天井川）や地質、貴重な自然環境や景勝地の保護等のため河床掘削や河道拡幅が困難な河川又は海面の干満差による潮位変動の影響により排水困難な河川

　これらの条件を踏まえると、流域治水の対象となる河川は、全国のすべての河川と考えてよく、旧特定都市河川浸水被害対策法では都市部を流れる河川が主な対象であったのに対して、その対象が大幅に拡大されたことが分かる。

図表1-3　特定都市河川浸水被害対策法の前後での指定要件の違い

指定要件 （下線は2021年改正）	法改正前	法改正後（太字：新規）
①都市部を流れる河川	流域内の市街化されている土地の割合が概ね5割以上であること	**市街化区域等（家屋が連坦した地域の中心部や役場の立地する地域を含む）の人口・資産が集積した区域**を流れる河川
②著しい浸水被害が発生し、又はそのおそれ	過去の実績又は想定される年平均水害被害額が10億円以上であること	**水防法第14条第1項及び第2項の各号に該当する洪水浸水想定区域の指定対象河川**
③河道又は洪水調節ダムの整備による浸水被害の防止が市街化の進展又は当該河川が接続する河川の状況若しくは当該河川の周辺の地形その他の自然的条件の特殊性により困難	市街化の進展による影響を考慮した場合、河道又は洪水調節ダムといった従来の整備手法のみによる浸水被害の防止が費用対効果、技術的可能性、社会的影響等を勘案して困難であること	従来の整備手法のみによる浸水被害の防止が費用対効果、技術的可能性、社会的影響等を勘案して困難な以下のいずれかに該当する河川 1）流域内の**可住地において**市街化率が概ね5割以上であり市街化が著しく進展している河川 2）**接続する河川からのバックウォーターや接続する河川への排水制約が想定される河川** 3）**地形（狭窄部、天井川）や地質、貴重な自然環境や景勝地の保護等のため河床掘削や河道拡幅が困難な河川又は海面の干満差による潮位変動の影響により排水困難な河川**

出典：矢内ら（2023）

　ここに示すように、河川からのバックウォーターの影響を受けたり、排水が困難であったり、あるいは狭窄部などの水害を起こしやすい地形や地質的な特徴を持つといった、河川が元来有する自然的な特徴を勘案して、特定都市河川浸水被害対策法の指定が可能になったことは革新的である。実際、近年の主要な水害の多くが、このような河川が元来的に有する自然的な特徴か

ら生じている。例えば、2019年東日本台風で被災した長野県長野市長沼もその下流に千曲川の代表的な狭窄部を有し、そして令和2年7月豪雨で甚大な被害を受けた人吉市も人吉盆地の出口、狭窄部の上流に位置していた。これらの狭窄部の上流部に位置している地域は、元来、水害対して脆弱な地域であり、古くは浸水に備えて水田などの被害をある程度許容可能な土地利用を有していたものの、その後、市街化が進んだという特徴がある。以下では、2018年西日本水害で被災した岡山県倉敷市真備町を事例に、河川が元来的に有する自然的な特徴と市街化などの社会との関係をみていきたい。

2　土地固有のリスクの形成事例—岡山県倉敷市真備町—

　岡山県倉敷市真備町は、2018年西日本水害で中心地の南側を流れる小田川が左岸（真備町の中心市街地側）で2か所破堤、右岸側でも3か所越水し、真備町の中心市街地のほぼ全域が浸水した。この浸水範囲及び浸水深は真備町が公表していたハザードマップとほぼ同等であり、浸水深は深いところで5m以上に達した。筆者らが行った現地調査でも建物の2階天井付近まで浸水していることが確認された。真備町は、倉敷市中心部から北へ約10kmに位置し、1級河川・高梁川と支川・小田川の合流点に位置しており、その直下流には高梁川の代表的な狭窄部が位置している。よって、真備平野と称せられるこの地域は、小田川や高梁川の氾濫が繰り返されてきた。例えば、1893（明治26）年のものが挙げられ、この時には2018年西日本水害とほぼ同範囲が浸水し180名が亡くなっている（内田2011）。

　図表1-4に筆者らが地史等で確認した過去の水害を示しているが、1970年以前は5年に1度程度の頻度で水害が発生していたことが分かる。このため、過去の地形図で確認すると、明治期から昭和中期まで、氾濫原の大部分は水田を主とした土地利用が継続していた（浸水リスクがある地域は利水面では有利である場合が多い）。しかし、1925年の高梁川大改修を経て、1972年7月の災害を契機に小田川の河道改修と排水機場が整備されたこともあり、1976年

第1章 水害多発時代の流域治水の原理

以降、水害頻度が劇的に減少した。その結果、真備町は1970年代以降に倉敷市や水島臨海工業地帯のベットタウンとして急速に発展し、その様子は人口の推移からも見て取れる（**図表1-4**）。この間、1979年8月に線引きによる市街化区域が定められ、1977年の国道486号川辺新橋の架橋、1999年の井原鉄道井原線の開通など、急速なインフラ整備と人口の流入が進んだ。2019年の水害は、この急激な市街化が進んだ地域を約40年ぶりに洪水が襲った。この浸水による被害家屋数（ただし倉敷市全体の被害）は、全壊4,721棟、半壊846棟、一部損壊376棟、床上浸水1,269棟、床下浸水18棟と壊滅的な被害数となった（2019年7月5日時点）。

図表1-4　真備町における人口の推移と社会・水害イベント

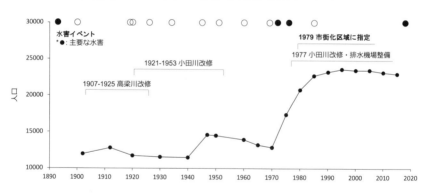

出典：伊藤ら（2019）

図表1-5は、平成30年7月西日本豪雨での浸水域内の建物年代の分布を示している。凡例にあるように、最も色の薄い点が1978年以前に建築された建物、次に色の濃い点が1978年以降から1995年までに建築されたもの、最も色の濃い点が1995年から2018年までに建てられた建物である。河川に近づくほど新しい建物（最も色の濃い点）が増加していることが分かる。つまり、新しい建物ほど、浸水リスクの高い地域に立地していった。このような、水害発生後の河川改修等で河川の安全度が高まったことで、その地域の浸水（水害）

頻度が下がり、新規開発が進むといった現象は「堤防効果（Levee effect）」と呼ばれ、日本のみならず世界各国で報告されている（Di Baldassarre et. al 2015、伊藤ら2019）。特に日本では、真備町以外でも元来浸水が頻発していた地域が河川整備等で洪水頻度が低下し、市街化区域に指定することで開発を促進してしまった事例は数多く報告されており、それらの中には近年の水害で深刻な被害を受けた地域も含まれる。

図表1-5　真備の平成30年7月西日本豪雨での浸水域内の建物立地の変化と浸水深

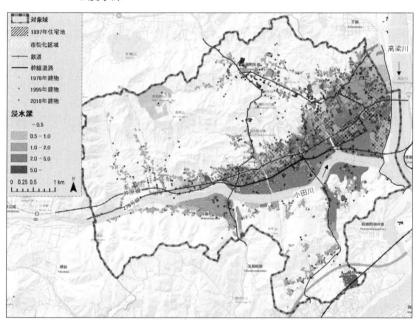

出典：伊藤ら（2019）

第4節
土地固有のリスクに応じた土地利用の形成に向けて

1　経済成長型ナショナル・ミニマムの限界

　この真備町の事例のように、その土地の浸水リスクは、その土地が元来持つ地形や気象といった自然条件、そしてその土地で繰り広げられた開発の歴史によって形成され、土地ごとの固有性（土地固有のリスク）を有している（沖ら2024）。しかし、戦後、特に経済成長期に計画された治水では、ハード対策による治水安全度を可能な限り高めることで、土地固有の浸水リスクを全国あまねく低減することを目標としてきた。

　日本の河川の治水安全度は、戦後、確率主義によって「〇〇年に一度」といった確率に基づいて設定されるようになり、その数値は段階的に高まってきた（図表1-6）。例えば、戦後すぐ1958（昭和33）年時点では重要河川（現在の1級河川相当）では1/80-1/100が採用されていたが、1968（昭和43）年の第3次治水5ヵ年計画において1/100-1/200となり、現在の治水計画で採用している200年という数字が登場した。そして、1976（昭和51）年の河川砂防技術基準（案）においてA級河川で200年以下、そして1997（平成9）年には200年以上となった（中村2021）。1972（昭和47）年の第4次治水5ヵ年計画の解説では、この当時の目標値の考え方を以下のように記している。

　治水事業の整備目標としては、将来の国の経済発展と、国民生活の水準を想定し、これにふさわしい治水施設であるとともに、地域の経済効果に見合ったものであり、かつ、河川の重要度に応じて全国的にバランスのとれたものとすることが肝要である。

すなわち、整備水準としては、将来の国の経済力及び国民生活の水準から、望ましいナショナル・ミニマムとしての計画規模、全国マクロの総投資額、さらに河川の規模、洪水氾濫防御対象区域内の人口、資産、中枢管理機能等及びそれらの単位面積当たりの集中度合等によって評価した河川の重要度を総合的に判断して定めることが必要である（岸田1971）。

　ここで述べられているのは、当時の治水の安全度が「将来の国の経済力及び国民生活の水準から、望ましいナショナル・ミニマム」によって決定されていたという点である。ナショナル・ミニマムとは、その国が持つべき最低限の安全度のことであり、つまり、1972（昭和47）年時点で示された計画目標は当時としては「最低限の安全度」、言い換えれば、当時予想された経済成長を見込んだ達成可能な安全度として考えられていた（中村2021）。

　しかし、その後、日本は経済安定期を迎え、その目標の治水安全度に対する現在の堤防の整備率は7割程度であり、今後の人口減少・少子高齢化などの社会変化を考慮すると、その完成には今まで以上の年月を必要とするだろう。あわせて、気候変動による降雨の増加傾向を考慮すれば、その安全度は相対的に低下するため、地域の水害の頻度も増加することが予想される。このような状況下においては、現在設定しているハード対策の治水安全度を着実に向上させつつも、ハード対策によって浸水リスクを全国あまねく低減する、いわば洪水に抵抗する治水から、地域の土地固有の浸水リスクとその特徴に応じた、水と人々の生活が調和する治水へと緩やかに転換していく必要がある（中村2023）。

図表1-6　治水五ヵ年計画と技術基準における計画規模の変遷

	策定年次		計画の事業費 (億円)	目標とする計画規模
昭和33年河川砂防技術基準	昭和33年	1958		A級　1/80〜1/100 B級　1/50〜1/80 C級　1/10〜1/50
所得倍増計画	昭和34年	1959		利根川　　1/70〜1/150 淀川　　　1/86〜1/150 その他河川　1/33〜1/54
第1次治水五ヵ年計画	昭和35年	1960	3,650	―
第2次治水五ヵ年計画	昭和40年	1965	8,500	重要水系　　1/50以上 その他の水系　原則として既往第2位
第3次治水五ヵ年計画	昭和43年	1968	15,000	重要水系　　1/100〜1/200 その他の水系　1/50
第4次治水五ヵ年計画	昭和47年	1972	30,000	直轄河川　1/100〜1/200 中小河川　1/50 都市河川　1/50〜1/100
昭和51年河川砂防技術基準(案)	昭和51年	1976		A級　200以下 B級　100〜200 C級　50〜100 D級　10〜50 E級　10以下
第5次治水五ヵ年計画	昭和52年	1977	58,100	大河川(基本施設)　戦後最大洪水 中小河川(地域防災施設)時間雨量50mm の降雨
第6次治水五ヵ年計画	昭和57年	1982	82,500	―
昭和61年河川砂防技術基準(案)	昭和61年	1986		A級　200以下 B級　100〜200 C級　50〜100 D級　10〜50 F級　10以下
平成9年河川砂防技術基準(案)	平成9年	1997		A級　200以上 B級　100〜200 C級　50〜100 D級　10〜50 E級　10以下
平成16年河川砂防技術基準(案)	平成16年	2004		A級　200以上 B級　100〜200 C級　50〜100 D級　10〜50 E級　10以下

出典：中村（2021）

2 土地固有のリスクに応じた水と人々の生活が調和する治水へ

　このような状況において、今後はそれぞれの地域には土地固有のリスクがあることを理解し、流域全体を俯瞰しながら、人口や資産が集中している地域といった優先的に守るべき土地と将来を見据えて土地利用を転換していく土地を明確に定めていく必要がある。洪水は、流域のどこかで氾濫を許容しないと、他の場所（その対岸や下流）が相対的に氾濫の危険性が高まる。その氾濫の危険性が高まる場所が、仮に市街地であればそれだけ被害のリスクは大きくなり、それが真備町での水害のように予期されていないものであれば被害はより甚大となる。よって、あらかじめ地域の土地固有のリスクとその変化を考慮して、「想定された氾濫」を許容可能な空間的なバッファー（余白）を流域内に設けることが極めて重要となる。土地固有のリスクとその変化を考慮して、一定以上の洪水を許容する土地を流域内で形成しながら、流域全体で被害を軽減していくような、水と人々の生活が調和する治水が、長期的視野に立てば有効となる。

　このような水と人が調和する治水を目指す際に重要となるのが、その土地の自然条件や開発の歴史といったその地域の固有性の理解、それに基づく地域社会が洪水を受け入れる合意形成に基づいた土地利用計画と体制の構築である。この土地利用計画と体制の構築の役割を担う最も重要な主体が、自治体であることは言うまでもない。流域全体での洪水被害の軽減を明確な目標として定め、地域の土地利用計画と流域全体での堤防整備などのハード対策が一体となって連動することが不可欠であり、そのような流域全体を包括する制度の構築が望まれるが、現状では各自治体での個別の判断・対策によるところが大きい（第6章・第7章）。日本では私有財産である土地に対して公共が制約をかけることが難しい側面もあり、かつ、現状では流域全体での土地利用に関する制度が存在しないため、各自治体内で土地所有者を含む地域住民との合意形成（第8章）とそれに基づく条例等の整備を進めていかなく

てはならない（第5章）。その際、自治体の組織内外の連携体制の構築は不可欠である（第4章）。

「想定された氾濫」を許容可能な空間は、当然ながら守るべき地域の上流に位置する必要がある。上流側の農地の保全や遊水池の整備などの土地利用の規制や土地の改変を伴う大規模な対策を実施する際は、上流側の住民や農家などの関係者の協力が不可欠となるが、それらの対策によって洪水の軽減という利益を享受するのは下流側の住民となる。つまり、下流側の治水安全度を高めるために上流側の人々に一定の負担を強いる構図となり、このような治水をめぐる上流と下流での負担と受益の空間的乖離は、例えばダム建設の時など、古くから生じてきた問題でもある（森瀧2003）。

上流の住民が快く流域全体での洪水被害の軽減に協力してもらうためには、上流の関係者と下流の関係者の間で互恵関係が保たれ、上流の関係者が快く貢献し、その貢献に実感が伴うような制度の構築が必要である（沖ら2024）。具体的には、上下流それぞれ地域の土地固有のリスクと流域内での分布を理解し、その理解に基づいた上下流の関係者間のパートナーシップを強化していきながら、下流の住民が支払う税金の一部を上流の住民の対策への助成や補助に充てたりするような財政的な制度設計、あるいは上流側の関係者が行う対策に対して経済的あるいは心理的な付加価値を与えるような取組みも重要であろう。上下流間のパートナーシップの強化のためには、流域治水プロジェクトのもと設置されている「流域治水協議会」はもとより、各流域で既設の各種水循環・流域関連の協議会を効果的に活用していく必要がある。また、近年注目される自然再生や生物多様性の強化を行うネイチャーポジティブ（自然再興）は、その土地の自然環境・生物多様性としての価値を高め、付加価値を生み出す最も効果的な対策の一つである（第2章）。

さらに、このような互恵関係の形成のためには上流側の協力がどのように下流側へ貢献しているのかといった、協力と貢献の見える化も重要である。土地利用の転換等の対策の実現には多くの時間を要し、その効果（流域全体での被害軽減量）は、ダム貯水池や堤防整備のようなハード対策と比べて実感

しにくい。よって、それぞれの自治体や地域での取組みの効果や貢献を見えやすくするような指標づくりが有効であろう。また同時に、目標とする治水安全度の達成に向けて、既存施設も有効的に活用しつつ、ハード対策による治水安全度の向上も着実に進めていく必要があることは言うまでもない（沖 2024）。

第5節 水と人が調和した流域治水に向けて

　本章では、日本の近現代の治水の歴史を振り返ることで流域治水の特徴を明確にし、それを踏まえて、河川計画の立場から、流域治水を実現するうえでのいくつかの課題を提示した。流域治水では、これまでの河川に閉じた治水から、流域へ開いた治水へと治水対策の画期的な転換が目指されている。流域治水の原理とは、水害への抵抗する従来の治水とは異なり、水と人が調和するシステムであり、この調和のシステムを流域内のあらゆる関係者と協働して創造し、実現していくことが今、自治体に求められている。

　流域治水の実現の過程においては、上下流間での負担と受益の空間的乖離や、その受益が見えにくいといった課題が想定されるが、まずは、それぞれの地域にはその土地の自然条件や開発の歴史によって形成された土地固有のリスクが元来的にあり、そのリスクの高い土地を災害から守るには多額の資金が必要になることを社会全体で共有する必要がある。そのうえで、流域全体を眺めながら、何を（どの土地を）どの程度まで優先して守っていくのかを真剣に考え、社会全体での合意形成と具体的な取組みを積み重ねていかねばならない。その取組みの基礎となるのは間違いなく自治体である。自治体内

での住民や関係者との協働のもと、土地固有のリスクの理解と共有、合意形成、それに基づいた条例や土地利用計画と体制の構築を着実に進めていく先に、水と人が調和する新たな治水が実現されるはずである。

引用・参考文献

- 伊藤悠一郎、中村晋一郎、芳村圭、渡部哲史、平林由希子、鼎信次郎（2019）『建物立地とその変化過程に着目した平成30年7月豪雨による浸水被害の分析』土木学会論文集B1（水工学）75巻1号、299-307頁
- 内田和子（2011）『岡山県小田川流域における水害予防組合の活動』水利科学55巻3号、40-55頁
- 沖大幹、橋本淳司、村上道夫、笹川みちる、中村晋一郎（2024）『未来の水ビジョン：水みんフラ―水を軸とした社会共通基盤の新戦略―』政策研究
- 岸田隆（1971）『第4次治水事業5ヶ年計画（案）』河川302巻、10-11頁
- 社会資本整備審議会（2020）「気候変動を踏まえた水災害対策のあり方について～あらゆる関係者が流域全体で行う持続可能な「流域治水」への転換～答申」
- 国土交通省（2023）「「流域治水」の基本的な考え方」https://www.mlit.go.jp/river/kasen/suisin/pdf/01_kangaekata.pdf（2023年10月30日閲覧）
- 国土交通省（2010）『総合的な水害対策－特定都市河川浸水被害対策法の施行状況の検証、平成21年度政策レビュー結果（評価書）』https://www.mlit.go.jp/common/000111002.pdf（2024年6月4日閲覧）
- 中村晋一郎（2021）『洪水と確率―基本高水をめぐる技術と社会の近代史－』東京大学出版会
- 中村晋一郎（2023）『人と水の相互作用の科学―社会水文学の誕生と経過』現代思想2023年11月号
- 森瀧健一郎（2003）『河川水利秩序と水資源開発：「近い水」対「遠い水」』大明堂
- 矢内祐一、須賀正志、柳澤修（2023）『特集 流域治水の本格的実践のすすめ～特

定都市河川浸水被害対策法の運用を通じて激甚化する水害に備える〜』JICE REPORT 42、22-25頁
- Di Baldassarre, G., Viglione, A., Carr, G., Kuil, L., Yan, K., Brandimarte, L., and Blöschl, G. (2015)『Debates-Perspectives on socio-hydrology: Capturing feedbacks between physical and social processes』*Water resources research* 51 (6) 、4770-4781頁

(中村　晋一郎)

第2章

自治体における流域治水政策

第1節 流域治水実務の視点から

近年、気候変動に伴い防災施設（河川堤防やダムなど）の能力を超える洪水が頻発化している。更なる施設能力の強化が求められるが、財政的・技術的・社会的な制約などから限界がある。このため、施設整備と並行して洪水氾濫を前提とした治水対策を進めることが喫緊の重要課題となっている。

滋賀県ではこういった総合的な治水を展開するため、流域治水基本方針（2012）・流域治水条例（2014）を制定し、河川管理と氾濫原管理を分離した政策的な枠組みを整備、既に実践段階にある。筆者は2017年3月まで滋賀県庁に勤務し、長年にわたり河川政策・流域政策に担当者として携わった。本章では筆者の経験をもとに滋賀県の流域治水の基本コンセプトや政策的枠組みを解説したい。

第2節 滋賀県における流域治水制度の設計思想

1 構想背景および動機

滋賀県では、2006年9月に流域治水政策室が河川担当部局とは別に設置され、流域治水に関する本格的な検討が始まった。当時、国土交通省近畿地方整備局は、淀川水系流域委員会の提言を受け、淀川水系河川整備計画基礎原案（2003）・同基礎案（2004）・淀川水系5ダムについての方針（2005）を発

表しており、計画中のダムの実施可否や耐越水型を含む堤防強化に係る議論を進めていた。治水理念の転換を掲げ、計画洪水を河道内で安全に流下させる元来の治水方式から、あらゆる洪水に対し主に耐越水堤防により被害を最小化する方向が打ち出された。同様に滋賀県の河川管理のあり方も転換するよう要請された。県内河川のほとんどは淀川水系に属する指定区間である。河川計画の原則は水系一貫であるため、直轄区間で方針転換があれば指定区間も追従せざるを得ない。

流下能力の拡大ではなく、耐越水型の堤防強化を優先することは、破堤を回避できたとしても氾濫を許容することを意味する。下流優先の原則から、中上流部・支川は整備が遅れかつ計画上の目標安全度も低く設定されているため、理屈の上では直轄区間より高頻度で氾濫を経験することとなる。この治水理念の大転換は上流県にとって一大事であった。2006年当時、県としては方向転換に激しく抵抗したが、国の方針である。氾濫を前提とした土地利用・住まい方の工夫や避難体制の充実など、氾濫域での減災対策を本格化する機運は高まり、実務的での転換も迫られた。その後、さまざまな議論はあったものの、最終的に決定した淀川水系河川整備計画では、本支川・上下流バランスを確保しつつ、水系全体で治水安全度の向上を図ることが明記された。大きな理念転換はなく、河川法に基づく元来の治水方式は堅持された。法定計画であるため当然の帰結であったが、淀川流域での紆余曲折は氾濫域での減災対策の重要性を認識させるとともに、河川管理者ではその役割を担えないことも浮き彫りにした。

筆者らによる流域治水の企画・構想段階では、淀川水系流域委員会での議論とともに、河川審議会計画部会の中間答申「流域での対応を含む効果的な治水のあり方」(2000) を主に参考にした。流域対策を「雨水の流出域」「洪水の氾濫域」「都市水害の防御域」に分類し、それぞれの具体的メニューが整理されている (**図表2-1**)。

図表2-1　治水対策の「これまで」と「これから」の比較イメージ

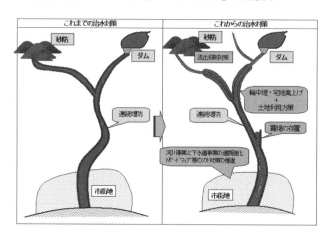

出典：国土交通省（2000）「河川審議会中間答申　説明資料」

　ここからは滋賀県版流域治水の治水制度上の位置づけについて、第1章と少し異なる視点から議論したい。わが国の近代治水計画の変遷は、**図表2-2**に示す4つの時代に分けて整理できる（堀ら2008）。

　「第3の時代」の治水は、集水域での流出抑制対策と河川対策（河川改修など）を組み合わせて、目標洪水を河道内で処理するという考え方である。従前の特定都市河川浸水被害対策法に基づく総合治水制度の枠組みで推進されてきた。適用範囲は都市域に限定されていたが、令和3（2021）年の法改正後は築堤河川合流部や狭窄部上流域といった郊外にも適用範囲が拡大した。これにより、都市部での洪水調整池や地下貯留施設などの整備だけでなく、郊外の堤内遊水地やいわゆる田んぼダムやため池での洪水貯留等も施策メニューに加わることになる。

　次に、「第4の時代」の治水とは、流域斜面（集水域）と河道（河川区域）が計画対象であった治水計画論を、被災地となる氾濫原（氾濫域）を含めた流域全体を対象に拡大するという考え方である。氾濫域での減災（万一氾濫が生じた場合の減災）に寄与するメニューとして、二線堤・輪中堤・防備林等

の整備や、土地利用、さらに住まい方の工夫（建築規制や耐水化など）などが新たに加わる。滋賀県の流域治水は、「第4の時代」を標榜するものであった。

図表2-2　近代治水計画の変遷

第1の時代 （既往最大洪水）	既往最大の洪水を、浸水を起こすことなく、河道と貯水池で処理する。
第2の時代 （確率洪水）	治水施設の設計外力を年最大降雨量の超過確率で評価し、一定の確率規模を持つ降雨を計画降雨量として、この降雨から生み出される種々の洪水波形を、浸水を起こすことなく河道と貯水池で処理する。
第3の時代 （総合治水）	雨水が河道に入った後に処理するという対策に加えて河道に流入する雨水そのものを減少させるという対策をも、計画の代替案に含める。
第4の時代	洪水氾濫を前提として考え、代替案は、河道－流域施設だけではなく、氾濫原の被害軽減策を考慮に入れる。

出典：堀ら（2008）

2　制度設計の考え方——河川管理と氾濫原管理の分離

（1）　治水・防災の対応領域

　日本の治水政策は、河川法に基づく河川管理制度が根幹である。治水・防災に係る役割分担について、河川管理者の立場で考えると、**図表2-3上**のように河川対応＋危機管理対応となる。危機管理対応では即時的判断が求められ、かつ一定の被害も覚悟せねばならない。言わば命からがらの対応である。それゆえ河川対応の領域を広げ、危機管理対応の領域を減少させることが河川管理者の責務と言える。また気候変動に伴い外力が増大すれば、河川整備の効果は圧縮されてしまう。

　ただ現実には**図表2-3下**のように氾濫域での対応（土地利用・住まい方）が大きな役割を担っている。例えば、拡散型の氾濫域で（自然堤防帯などの）微高地に立地する集落では、氾濫が生じても無被害か屋内避難で済む場合が多

い。氾濫域での対応は、都市計画法、農地法、建築基準法などが関連する。氾濫域での対応が疎かだと、河川対応の努力も虚しくかえって危機管理対応の領域を増やすことにもなる。残念ながら現在でも、高リスクな土地での無防備な開発は後を絶たない。

図表2-3　治水・防災の対応領域

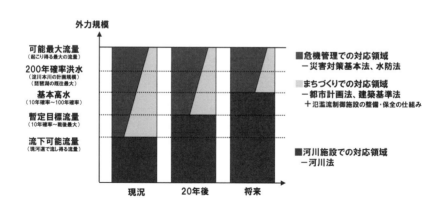

出典：瀧ら（2010）

氾濫域での減災対策の必要性は長年指摘されてきたものの、今日まで本格的な展開に至っていない。これには、水害リスクに関する理解不足とあわせて、河川管理に重きをおくわが国の治水制度によるところが大きい。実際に、"河川整備"と"氾濫原での減災対策"とが二者択一になった場合、後者が選択される余地はほとんどない。大多数の人は、河川管理者が自治体や住民に避難や土地利用・住まい方の工夫を求める前に、"河川整備を急ぎ洪水氾濫をなくすべし"と考える。

(2) 河川管理の義務的責任範囲

河川法に定めるわが国の河川管理の一義的な責務は、計画洪水を定めこれを河道内で安全に処理する（一定の洪水を川の中に封じ込める）ことである。それゆえ洪水氾濫を前提とした治水を、（氾濫防止を使命とする）河川管理の延長上で展開してしまえば法理上の矛盾が生じる。河川管理者は文字どおり河川管理者であり、河川区域外で治水・防災を行う権限・役割が与えられてはいない。氾濫域での減災対策を河川管理者に期待しても、現行法制度を前提とする限り政策法務としては無理難題なのである。河川法制定（1896年）以降、どんな逆境にあっても目標達成に向け粛々と続けた河川整備は、間違いなく現在の日本の社会経済を支えている。しかもそれは道半ば（現在掲げている整備目標の達成にはさらに100年以上かかる見込み）で、中上流・支川周辺では整備の恩恵をまだ受けていない。今も河川整備の順番を待ち続けている。河川整備は長年にわたる社会的な契約である。どれほど正しい議論であっても急激な方向転換は行政不信・対立関係を生む。淀川水系流域委員会の顛末から学んだ最大の教訓である。

(3) 氾濫原管理者

滋賀県の流域治水は、流域と河道域が計画対象であった近代日本の治水計画論を、被災地となる氾濫原を含めた流域全体を対象とするものに拡大することを狙っている（鶴見川流域や寝屋川流域で実施されているような、流出抑制

に重点を置いた総合治水とも考え方が異なる)。滋賀県では、前節で述べた河川管理を巡る歴史や制度的な制約を鑑み、河川対応とは別にまちづくり対応で治水を行う行政事務を用意することにより、現行制度との齟齬や軋轢なく流域治水を実装する戦略をとった。制度設計を行う過程において、筆者ら担当者間ではまちづくり対応を行う主体を「氾濫原管理者」と名付け、既存の河川計画は所与の条件としてその役割を考えるようにした。県庁組織としては河港課(河川担当課)とは独立した流域治水政策室を設置し、総合行政の立場からの治水フレームの見直しと、まちづくり(土地利用・住まい方)での対応を事務分掌とした。

第3節 流域治水政策の概要

1 政策目標と枠組み

　滋賀県は流域治水を実現するため、2012年に「滋賀県流域治水基本方針」を議決、さらに2014年には基本方針の実効性を確保するため、「滋賀県流域治水の推進に関する条例(平成26年3月31日滋賀県条例第55号)」(以下、流域治水条例)を制定した。

　政策目標を「どのような洪水にあっても、①人命が失われることを避け(最優先)、②生活再建が困難となる被害を避けること」とした(**図表2-4**)。前述のように、河川法が規定する河川管理の責務は計画洪水を定めそれを河道内で処理する(安全に流下させる)ことにある。そこで、新たに用意する治水メニューが従来の河川整備と競合しないよう(重層的に実施できるよう)目標の置き方を変えた。具体的には対象洪水を"どのような洪水にあっても"とし

計画規模を定めず、また施設の対応能力ではなく人命・生活保護そのものを目的とした。

そして、目標達成の手段として、これまでの河川整備に"加えて"、「流域貯留対策」「氾濫原減災対策」「地域防災力向上対策」を行うとした（**図表2-4**）。河川整備で対処できない部分を、他の3つの対策で補完し、①②に示した新たな目標を達成する枠組みである。これであれば、従前の河川整備の方針・計画を変える必要はない。既存制度を否定せず補完することが、新制度設計における実務上の最重要ポイントである。当時の流域治水政策室では「足し算のアプローチ」と呼んだ。

図表2-4　滋賀県の流域治水政策の目的・手段・構成

目的	① どのような洪水にあっても、人命が失われることを避ける（最優先） ② 床上浸水などの生活再建が困難となる被害を避ける
手段	川の中の対策（堤外地対策）だけではなく、「ためる」「とどめる」「そなえる」対策（堤内地での対策）を総合的に実施する。**多重防御**による取り組みを推進

河道内で洪水を安全に流下させる対策 （これまでの対策）	ながす	河道掘削、堤防整備、治水ダム建設など
流域貯留対策 （河川への流入量を減らす）	ためる	調整池、森林土壌、水田、ため池グラウンドでの雨水貯留など
氾濫原減災対策 （氾濫流を制御・誘導する）	とどめる	輪中堤、二線堤、霞堤、水害防備林、土地利用規制、耐水化建築など
地域防災力向上対策	そなえる	水害履歴の調査・公表、防災教育防災訓練、防災情報の発信など

出典：滋賀県（2012）

2　地先の安全度

　氾濫原での減災対策（土地利用や住まい方）にまで踏み込んで検討するには、複数の河川・水路群に囲まれた土地のリスクを予め評価しておく必要がある。個々に表現された河川堤防の性能（河道の流下能力）を表す「治水安全度」では足りない。土地のリスクとはすなわち、各地点で「どの頻度でどの程度の浸水が生じるか」であり、滋賀県ではこれを「地先の安全度」と呼んでいる（**図表2-5**）。

図表2-5　地先の安全度、河川・水路群に囲まれた地点の安全度

出典：瀧ら（2010）

滋賀県は独自に水理モデルを開発し、年超過確率1/2～1/1000の7モデル降雨を外力として、河川・水路群からの複合的な氾濫を県全域でシミュレーションした（解像度は50mメッシュ）。下水道（雨水）や圃場整備の治水効果も面的に評価しており、高頻度洪水の再現性を高めている（瀧ら2009）。このうち、年超過確率1/10、1/100、1/200の①最大浸水深図と②最大流体力図、③床上浸水発生確率図、④家屋水没発生確率図、⑤家屋流失発生確率図として2012年4月に公表した、また、2020年3月には、以降の地形改変や河川整備の進捗を反映した更新版を公表した、滋賀県庁のポータルサイト（shiga-bousai.jp/dmap）から閲覧・ダウンロードできる。

「地先の安全度」の最大の特徴は、複数河川・内水を同時に考慮して水害リスクを評価したことにある。他方、水防法に基づく浸水想定区域図の多くは、（管轄や評価外力が異なるため）河川ごとに作成され内水とも分離されている。加えて、県全域をカバーすることも政策的には大変重要で、全県のデータが揃ってはじめて県内で（不公平なく）統一的な施策運用をできるようになる。

ここで、試算例を**図表2-6**に示す。年超過確率1/1000の降雨が県内に一様にあった場合の浸水深である。全県の状況を俯瞰できることがお分かりいただけよう。また、シミュレーションにより、頻度別に水理諸量（水深・流速など）の時空間分布が得られるのでリスクをさまざまな形で表現することができる。例えば、**図表2-7**は床上浸水（0.5m以上の浸水）の発生確率を表現している。こういった地図化されたリスク情報が、土地利用や住まい方の工夫といった氾濫域での減災対策を検討するベース（政策決定の根拠）となる。

図表2-6 浸水深(年超過確率1/1000)、背景は国土数値情報(河川、湖沼、行政界データ)を加工

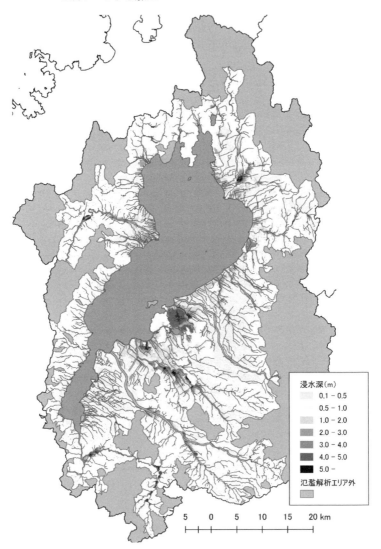

出典:瀧ら(2019)

第3節 流域治水政策の概要

図表2-7 床上浸水発生頻度、背景は国土数値情報(河川、湖沼、行政界データ)を加工

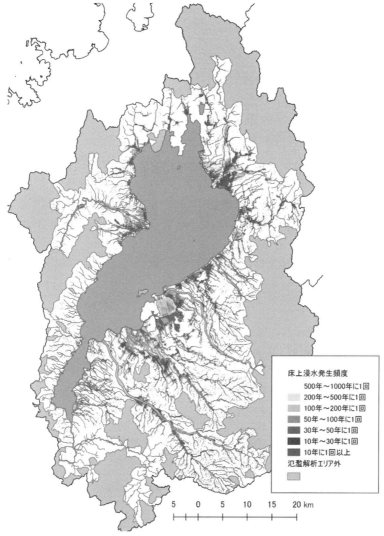

出典:瀧ら(2019)

3　氾濫原減災対策 —土地利用・住まい方の工夫

　滋賀県では流域治水条例に基づき、氾濫原減災対策として、リスクの高い箇所での土地利用・建築規制を行っている。特に氾濫原減災対策は、「危険な自然現象（洪水氾濫）」に対する「暴露の回避」と「脆弱性の低減」を意図したもので、土地利用・住まい方に深く関係する。**図表2-8**は地先の安全度をリスクマトリクスで表している。領域Aは10年に一度以上の頻度で床上浸水（0.5m以上の浸水）が生じるエリアに対応し、"生活再建が困難な"を回避するため「原則として市街化区域に含めない」こととしている。領域Bは200年に一度以上の頻度で家屋の水没や流失など"人的被害"を回避するため、「避難可能な床面が予想浸水面以上となる構造」あるいは「予想流体力で流失しない強固な構造」を建築許可条件としている。建築基準法第39条の災害危険区域制度を活用し、「著しい危険」の閾値を家屋水没が浸水深3.0m、家屋流失が流体力$2.5m^3/s^2$として流域治水条例に定めている。また、具体的な建築許可条件は耐水化建築ガイドライン（2015）を公表し建築主へ対策を求めている。なお、2020年6月現在、（破堤個所の予測の難しさなどの理由で）流体力を基準とした規制については運用開始に至っていない。このほか、氾濫原減災対策として、道路事業などで連続盛土構造物を設置する際にリスク移転が生じないよう、例えば、部分的に避溢橋にするなど、事業者に配慮義務を課している。

　なお、領域Aでの規制は都市計画法第7条および第13条（都市計画基準）を根拠とし、その様態は1970年に建設省都市局長・河川局長から各都道府県知事あてに発出された通達「都市計画法による市街化区域および市街化調整区域の区域区分と治水事業との調整措置等に関する方針について（昭和45年1月8日付建設省都計発第1号・建設省河都発第1号）」に準拠している。一方、領域Bでの規制は、建築基準法第39条（災害危険区域制度）を根拠とし、1953年に建設省事務次官より各都道府県知事あてに発出された通達「風水害による建築物の災害防止について（昭和34年10月27日付（発住第42号）」に準拠して

いる。2000年の地方分権一括法の施行に伴い、上記の両通達は法的拘束力のない技術的助言と整理された。流域治水条例はかつての通達に（自治判断として）再び法的根拠を与える役割を担っている。

図表2-8　土地利用・建築規制の対象となるリスクの範囲

発生頻度	床下浸水	床上浸水	家屋水没	家屋流失
	浸水深	浸水深	浸水深	流体力
2年に一度	0.1m以上 0.5m未満	0.5m以上 3.0m未満	3.0m以上	2.5m³/s²以上
10年に一度				
30年に一度				
50年に一度				
100年に一度				
200年に一度				
…				

A：2年〜10年に一度の頻度の範囲
B：家屋水没・家屋流失の範囲
被害の程度（浸水深・流体力）

出典：瀧ら（2010）、滋賀県（2012）

4　制度導入に至った要因

滋賀県では全国に先駆けて流域治水制度を導入にするに至った。筆者が考える要因を列記しておく。

- 河川管理と氾濫原管理とを分離した制度設計としたこと
- 複数河川・水路群の氾濫を考慮した水害リスク「地先の安全度」を氾濫原減災対策の評価指標としたこと
- 未活用であるが既に存在する手段を組み合わせたこと（土地利用・建築規制の根拠を都市計画法・建築基準法に基づき、その様態は過去の建設省通達に

準拠したこと）

ここでは詳しく触れなかったが、企画構想から制度設計、実施に至るまで徹底してオープンな議論をしたことも大きな要素であった。県民にも一定の負担を求める政策だが、徹底的な議論を通じて支持を得たからこそ議決に至った。

第4節 制度適用――リスクコミュニケーション

紆余曲折を経て滋賀県では制度の導入には至ったが、実施段階では多くの課題に直面している。流域治水条例に基づく浸水警戒区域（災害危険区域）の候補地は県内で約50地区ある。条例制定後、県当局は区域指定に向けて必死の努力を続け、2024年3月までに地域合意が得られ18地区が指定に至っている（滋賀県流域政策局ホームページ「滋賀県流域治水の推進に関する条例に基づく浸水警戒区域の指定について」(2024年5月26日閲覧)）。区域指定においては、地域の合意や納得を得るためには、丁寧なリスクコミュニケーションが欠かせない。ここでは、浸水警戒区域の指定の第一号となった米原市村居田地区での事例を紹介する。

米原市村居田地区は約100世帯からなる小さな集落である。滋賀県北東部を流れる姉川の中流左岸に位置し、姉川支流の出川が集落を貫流する。集落の西側には横山が迫っており、集落下流部で姉川左岸の堤防が山付けとなるため湛水しやすい地形である（**図表2-9**）。ただ、伊勢湾台風（1954年）以来、床上浸水は生じていない。

第4節　制度適用——リスクコミュニケーション

1　実施体制とリスクコミュニケーション

(1)　水害・土砂災害に強い地域づくり協議会

　滋賀県では、2007年以降、河川整備計画を策定する圏域ごとに、近畿地方整備局琵琶湖河川事務所と連携し、水害・土砂災害に強い地域づくり協議会を設置している（琵琶湖湖南圏域は2004年から施行）。協議会は、関係市町代表（副市長など）、県各担当課長、近畿地方整備局琵琶湖河川事務所長、学識経験者等で構成される。例えば、湖北圏域では関係市町として、長浜市・米原市が参加している。協議会は、設置以来、地域ごとにソフト対策を検討する役割を担ってきた。県・市町担当部局職員と地元自治会、関係者との対話を通じて、地域特性に応じた対策を丁寧に掘り起こし、実施可能なものから進めていくというスタイルを採っている。例えば、湖北圏域の協議会では、姉川・高時川からの浸水想定が（旧市町界を超えるほど）広範であることを踏まえ、市外避難所や北陸自動車道の活用など、広域避難に関する提案を盛んに行ってきた。

　当初、水害に強い地域づくり協議会は、近畿地方整備局が策定した淀川水系河川整備計画（2007）に位置づけられた。その後、滋賀県もその趣旨に同調し、滋賀県流域治水基本方針（2012）、流域治水条例（2014）にも位置づけられた。流域治水条例では、協議会の役割として「水害に強い地域づくり計画」の策定を位置づけ、これを（建築規制を行う）浸水警戒区域の指定要件とした。

(2)　区域指定までのリスクコミュニケーション

　2007年から統合水理モデルの開発を進める中で、当該地区は県内でも特に高リスクであることが明らかとなった。早急に対策を講じるため、2010年10月に米原市役所の仲介で県担当者が当該地区に入り、地元住民から水害体験の聴き取り調査を行った。これを端緒に、湖北圏域水害・土砂災害に強い地域づくり協議会の活動の一環として、当該地域でのソフト対策を優先的に検

討・実施することとした。その成果として、2013年度末までに、①まるごとまちごとハザードマップ設置、②水害図上訓練（R-DIG）の実施、③水害時の道しるべマップ（手作り避難マップ）の作成支援など、地域防災力を高める取組みが進められた。ほかにも、地区内を流れる出川の局部改良を実施するとともに、避難判断を助けるための簡易量水標を姉川および出川に設置するなどできる限りの支援型公助がなされた（田中ら2012）。

　これらの検討過程では、地域住民に提示する基礎情報として、統合水理モデルの計算結果を積極的に活用した。統合水理モデルを用いれば、確率別浸水深・流速・流体力の時空間分布を求めることができる。例えば、堤防決壊後に浸水に至るまでの時間なども地点別に示せる（瀧ら2009）。さらに各種対策の検討にあたっては、ワークショップ形式で地域住民と県・市町担当者で対話を重ねて合意を得ることを基本とした。これは、地域住民や市町担当者の自発的な気づきなくして、地域防災力の向上はあり得ないと判断したためである。

　当該地区でのリスクコミュニケーションを重ねる中で、2014年に流域治水条例が制定された。すなわち、ここで県に浸水警戒区域指定を進める責務が生じたことになる。そこでまず滋賀県は、2013年度末までの検討をさらに進化させ、世帯別に洪水到達時間や浸水深の時間変化を示した「避難カード」を配布し、具体的な避難プロセスの検討に着手した。検討過程では、リードタイムや避難可能な場所、生活パターン、家族構成を考慮すると屋外避難が難しい場合がどうしても存在してしまうことが明らかとなり、地域住民間で気づきと理解が深まった。そして、このタイミングで滋賀県は、流域治水条例と浸水警戒区域の指定制度の紹介を行い、同制度の適用可能性に関する議論に入る準備を整えた（滋賀県2017a）。

2　区域指定までの手続き

　流域治水条例制定後、同地区において区域指定の合意が得られるまでの経過を**図表2-10**に示す。

（1）　浸水警戒区域（敲案・素案）の提示
　区域指定に向けて、滋賀県は浸水警戒区域（敲案）を提示した。この敲案は、「地先の安全度」マップ（200年確率洪水）で想定浸水深が3mを超えるセル群（氾濫想定の格子）の外縁を基本に、追加的に航空写真から確認できる「段差」（道路、水路、擁壁、ブロック、畦畔等）で微修正したものである。
　さらに、敲案をもとに地元住民と現地確認のうえで、以下の修正が加えられ素案が定められた。

① 段差が明確でない個所では追加測量を実施し、微地形に合わせて補正する。なお、想定浸水位は正しいものとして扱う。
② 追加測量でも判断がつかない（ほとんど地形勾配がない）場合、例えば、母屋と離れといった用途の違いや筆界などを参考に境界線を引く。

（2）　浸水警戒区域の決定
　2016年9月に浸水警戒区域制度に関する住民説明会が実施された。12月には個別説明会も実施され、翌年1月の地区総会において、素案どおりの線引きで区域指定を受け入れが決議された。

3　区域指定に至った要因

　これまで述べたように、基本方針策定後約4年、条例制定後約2年の月日を経て、村居田地区で県内第1号の浸水警戒区域（災害危険区域）の指定に至った。滋賀県は、2024年度末までに18箇所での区域指定を行ったが、どの地

区でもそれぞれの丁寧なリスクコミュニケーションの結果である。また、それが水害に強い地域づくりの始まりであり、県当局や市町は引き続き丁寧な対話を通じて伴走を続けている。

(1) 地先の安全度

　第一の要因は、氾濫原減災対策（土地利用・建築規制など）の根拠となる「地先の安全度」を整備したことにある。滋賀県は、河川ごとの浸水想定ではなく、河川・水路に囲まれた氾濫原各地点のリスクを直接計量した。両者とも浸水深を空間的に把握する点で同じであるが、「防災施設の安全度」と「地先の安全度」は政策的意味は異なる。河川管理の立場ではなく、氾濫原管理の立場で用いる指標といえよう。

(2) 屋外避難の可能性の追求

　第二の要因は、避難行動と関連づけたリスクコミュニケーションにあると考えられる。建築規制は、氾濫原減災対策の重要な手段のひとつであるが、私権制限を伴う。建築規制の必要性を慎重に吟味しなければならないし、必要と判断した場合にも人命保護のための必要最小限の規制でなければならない。水害対策として建築規制を行うことには懐疑的な意見も根強く、例えば、「土砂災害と違い水害は避難できるのだから建築規制までは必要ないのではないか」との声もよく耳にする。地元住民にとっても、人命保護のため他に代替案がないことを実感してはじめて、規制を受け入れることができる。

第4節　制度適用──リスクコミュニケーション

図表2-9　浸水警戒区域

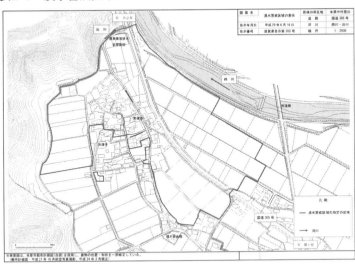

出典：滋賀県（2017b）

図表2-10　合意形成に至るプロセス

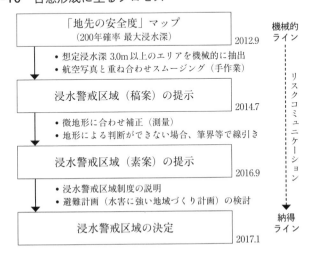

出典：瀧（2018）

流域治水条例では、建築許可条件を満たさない建築物（既存不適格建築）について、次回建て替え時に嵩上げ等の対策による是正を義務付けている。たとえ区域指定されても対策が講じられなければ、所要の安全性は保障されない。大水害は明日にも発生するかもしれず、特に既存不適格建築を抱える区域では、喫緊にロバストな避難体制を整えておかなければならない。また、嵩上げ等の対策の効果を十分発揮するためにも、屋内避難・立ち退き避難の判断が適宜・適切に行われなければならない。避難体制整備と建築規制とは、相互に補完してはじめて人命保護のため十分な効果を発揮する。それゆえ、区域指定に先立つリスクコミュニケーションは非常に重要であったと考えられる。

(3) 行政担当者と住民との信頼関係

　第三の要因は、行政と地域住民との強い信頼関係にあると考えられる。区域指定に向けた対話は条例制定後の2014年度から進められたが、1(2)で述べたように、県・市、村居田地区とのリスクコミュニケーションは、2010年10月以来かなり積み重ねられていた。

　条例制定後にも対話が続けられ、2017年2月、湖北圏域水害に強い地域づくり協議会において、浸水警戒区域の範囲が示された水害に強い地域づくり計画（素案）が報告された。その際、同区長は次のように述べた。

　"村居田区においては平成22年（2010年）から、県・市とともに水害に強い地域づくりの検討を進めてきた。村居田区住民の子・孫の世代が村居田区に定住・定着することを願い、安全に住むことができるような地域にしていただきたいという思いから浸水警戒区域の指定に同意したところである。浸水警戒区域として浸水被害が想定されないよう、河道改修などの抜本的対策を実施してほしいという本音はあるが、過疎化（少子高齢化）の現実がある中で「魅力ある地域」にしていくためにも、浸水警戒区域の指定に賛同したものである。県・市においては、これまで丁寧に対応してきていただいたが、今後もよろしくお願いしたい。"（滋賀県、2017a）

このような経緯を経て、村居田地区では、県内初の区域指定の合意に至った。当初敲案あるいは素案として滋賀県から示された図面は、数値解析をもとに引かれた、言わば"機械的ライン"であった。しかし、提示された"機械的ライン"はやがて地域住民に受け入れられ、納得のもと浸水警戒区域が決定された。無機質な"機械的ライン"がほぼ修正なく"納得ライン"となったのはなぜか。これは、行政担当者と地域住民との真摯なリスクコミュニケーションを通じて築かれた強い信頼関係があったからと考えている。区域指定を進める他地区に比べて、県担当者と地域住民との関わりは（条例制定以前からで）とりわけ長い。信頼関係こそが、地域の人びとがリスクと向き合う覚悟を決め、困難な課題を解決に導く原動力になると考えられる。

(4) 専門家・学識経験者の関与

 第四の要因は、リスクコミュニケーションにおける専門家・学識経験者の積極的な関与にある。一般に、行政と地域住民との対話の場面では、住民側から行政側への苦情・要望に終始する。特に巨大なリスクを行政が開示する場合、当然として住民側はリスクに対する行政の対応を求める。例えば、ハザードマップの開示は地域住民の避難行動を促すことを目的にしているが、行政自身が公助（河川整備）の限界を説明することに他ならず、大抵の場合、行政責任の放棄と受け取られ議論が紛糾する。筆者も実際に「地先の安全度」マップの公開までに、「県としての対策なきリスク開示は、市町や住民に責任を押し付けるだけ」との厳しい批判を数多く受けた。

 こういった局面において、学識経験者が公助の限界を客観的な根拠に基づき示し、そのうえで自助・共助・公助が一体となって、災害に対峙していくことの重要性を説くことで、対立的な議論から建設的な議論へと事態を変化させることができる（片田2007）。湖北圏域では、重要な議論の場面では、協議会委員である京都大学防災研究所　多々納裕一教授、畑山満則教授に同席を依頼し、議論の方向性の立て直しに尽力いただいた。

第5節

流域治水とグリーンインフラ、総合政策

　浸水しやすいところは、本来、湿地的な環境を形成していることが多く、歴史的には主に農地として活用されてきた。こういった土地は、河川・湖沼などの水域と陸域をつなぐ移行帯（エコトーン）として独自の湿地生態系を育んできた。

　市街化されていない農地などを浸水警戒区域（あるいは、浸水被害防止区域、貯留機能保全区域など）に指定することは、農地の確保や生態系保全としての意味も併せ持つ。筆者は、流域治水基本方針の構想時点では、公益を最大化するため、（治水・防災に特化せず）農地の確保・環境保全をも統合した区域指定を検討していた。しかしながら、結果として、法制度上の整理として、河川法・水防法・建築基準法・都市計画法の運用に限定した、「流域治水」条例となった。明文化できなかったが、本質的には、持続可能な地域社会を形成するための総合条例的な意味合いを含んでいる。

　流域治水関連法の成立時も、附帯決議として、「流域治水の取組においては、自然環境が有する多様な機能を活かすグリーンインフラの考えを推進し、災害リスクの低減に寄与する生態系の機能を積極的に保全又は再生することにより、生態系ネットワークの形成に貢献すること」とされている。

　流域治水とグリーンインフラは表裏一体のものである。ここでは、伝統的治水工法のひとつ堤防に関わる議論を例に、流域治水とグリーンインフラ、さらには総合政策について考える。

1　霞堤から紐解く流域治水

流域治水の本格展開にあたり、伝統工法「霞堤」が再び注目されている。その起源や定義には諸説あるが、ここでは不連続部のある多重の堤防システムを「霞堤」とし、多重の堤防で挟まれた土地を「霞堤遊水地」と呼ぶ（**図表2-11**）。霞堤の治水機能は概ね、①貯留機能、②氾濫流・内水排除機能に分類される（大熊2004）。通常、急勾配の扇状地河川では②氾濫流・内水排除機能が卓越し、緩勾配の平地河川では①貯留機能が卓越する。また、ほとんどの場合、霞堤遊水地には堤内地からの排水のため小河川（または水路）が流れ本川に接続する。

図表2-11　霞堤のタイプと役割

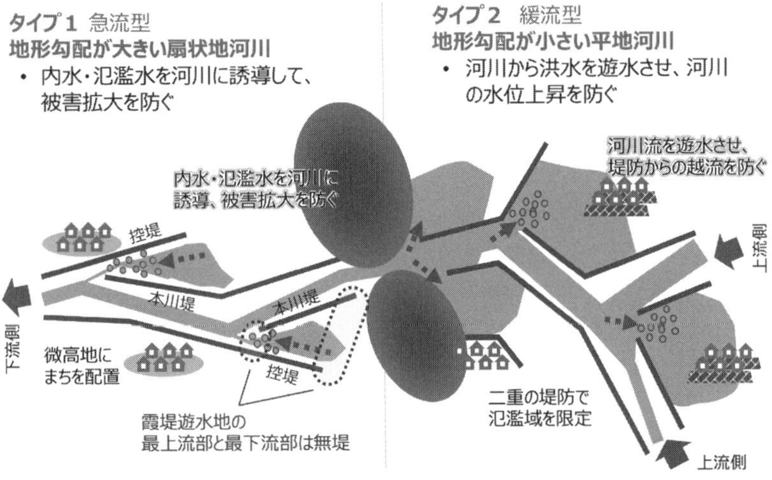
タイプ1 急流型
地形勾配が大きい扇状地河川
・内水・氾濫水を河川に誘導して、被害拡大を防ぐ
タイプ2 緩流型
地形勾配が小さい平地河川
・河川から洪水を遊水させ、河川の水位上昇を防ぐ
内水・氾濫水を河川に誘導、被害拡大を防ぐ
河川流を遊水させ、堤防からの越流を防ぐ
控堤
本川堤
本川堤
控堤
下流側
上流側
上流側
微高地にまちを配置
霞堤遊水地の最上流部と最下流部は無堤
二重の堤防で氾濫域を限定

出典：瀧（2022）

河川計画に位置づけられる遊水地との違いとして、最下流部と最上流部が無堤であることが挙げられる。また、控堤は河川区域でも遊水地部分は民有地であることが多く、堤内遊水地とも呼ばれる。霞堤遊水地は、上流部も解

放され無堤（高さがゼロの堤防）のため、ここから溢水しても（氾濫は広がるものの）決壊のおそれはない。遊水地内に下流側から緩やかに浸水し、また、遊水地が満水になっても溢水箇所を限定できるため、避難判断など危機管理も対応しやすい。堤防決壊時に比べ氾濫流の破壊力も弱い。このように、霞堤は超過洪水対策としても重要な役割を果たし得る（中村ら2021）。また、歴史的に霞堤遊水地は農地利用されてきた。江戸時代初期には諸役を免ずるなど正規課税の対象外として保全するインセンティブもあった（安達1997）。

　また、不連続部（霞堤開口部）からは小河川・水路が流入しており、平常時の内水排除機能が発揮されるとともに、堤外（川の中）～遊水地～堤内（川の外）が流水で連続している。いわゆる横断連続性が高く水生生物の移動経路が確保され、平常時でも流水性の魚類が遊水地に遡上する。滋賀県では、姉川・高時川や大戸川などの中流域の遊水地内水路には、ドジョウやタナゴ類だけでなく、カワムツやアユが泳ぐ姿もよく確認できる。河川水位（外水位）が高くなると遊水地に緩やかに洪水が流れ込むため、激流を避けた遊泳魚の一時的な避難場所になる。湧水も流れ込む排水路であれば真夏も流量が豊富で水温が低くなる。扇状地河川で流水が高温になる場合や瀬切れが生じる場合の避難場所になる。このように魚類が河川と往来できるため、霞堤遊水地には多様性の高い独特の氾濫原生態系が形成されている。生態系ネットワークの要であり、実現可能な流域治水的グリーンインフラとして有力な施策のひとつと考えられる。

　国土交通省のグリーンインフラ推進戦略（2019）では、不連続堤が減災機能を発揮していると述べたうえで、「霞堤等の伝統的な治水施設が存在する場合には、その価値や機能を踏まえ積極的に利用することも考えられる」とし、気候変動への対応のひとつとして霞堤の積極的な利用を位置づけた。翌年2月に発表された那珂川・久慈川緊急対策プロジェクトでは、4地区での霞堤の新設が打ち出されている。また、都道府県管理の指定区間（中上流・支川）には、数多くの霞堤が残されている（瀧2020）。

　霞堤遊水地は、現在でも多くは農地として維持されているが、廃棄物処理

第5節　流域治水とグリーンインフラ、総合政策

場、福祉施設、太陽光パネルが設置されたり、住宅開発されたりする例も散見される。開口部が閉鎖されたり、遊水地が埋め立てられたりすると、先人たちの苦労のもと歴史的に維持されてきた治水機能・生態的機能は一夜にして失われてしまう。特に最近は、遊水地の埋め立てを伴う太陽光パネルの新設が目立つ。地球温暖化防止は国際的な課題であり、太陽光発電をはじめとする再生エネルギーの普及はカーボンニュートラルを目指す中で欠かせない。ESG投資としても有望である。しかし、霞堤遊水地がその適地となって埋め立てられ、本来有している治水機能や生態系が損なわれては本末転倒である。

　改正特定都市河川浸水被害対策法では、築堤河川合流部や狭窄部上流域を計画対象地域として、遊水機能（浸水リスク）がある土地を「貯留機能保全区域」の「浸水被害防止区域」に指定し、機能担保およびリスク回避を図ることができる。各地に現存する多くの霞堤遊水地はこの候補地となり得る。ただし、「貯留機能保全区域」の「浸水被害防止区域」を指定するための統一基準は未定で、運用は各地の判断に任されている。法制度の適用には公平性が求められる。また、前例ができれば基準が画一化するおそれもあり、地域の独自基準で運用するには非常にハードルが高い。

　滋賀県では、流域治水条例に基づく「浸水警戒区域（建築規制の対象）」の設定基準を、予測浸水深（年超過確率1/200）が3.0m超の範囲としている。同様の基準を他都道府県に適用すると、場合によっては市街地全域が規制範囲に入る可能性もあり現実的ではない。また、区域指定の弊害もある。例えば、浸水深が3.00mと2.99mとではリスクとしてはほとんど差がない。しかし、滋賀県流域治水条例の基準では、「3.00m以上の範囲は著しい危険がある」として水害警戒区域の候補エリアとなり、「3.00m未満の範囲は著しい危険があるとは言えない」として浸水警戒区域の候補エリア外となる。特に、霞堤遊水地は内水・外水のタイミングや規模により冠水する範囲が異なる。そのため、どこが遊水範囲なのかを予め定めることは困難で、一旦定めたとしてもその範囲に満たないことや超えることがある。連続堤防の内側・外側や計画遊水

地の周囲堤の内側・外側のようにリスクがはっきりと異なるわけではなく、霞堤遊水地周辺のリスクは緩やかなグラデーションで変化するため、境界が曖昧である。このように、画一的な基準で何らかの規制を伴う区域指定を行うのは行政的なハードルが高い。

　このほか、2021（令和3）年8月に環境省がOECM制度の創設を打ち出した。具体的な制度設計・適用はこれからだが、森林や農地など特定の目的がある民間利用地に対しても、生物多様性等の観点から重要な場所を緩やかな保護区として、一定のインセンティブを与えながら保全していく仕組みである。霞堤遊水地の生態的機能を確保するための政策手段として期待される。また、遊水機能を持つ農地を「優良農地」である農振農用地（農振法）として維持し、農林水産省所管の「多面的機能支払交付金」により多面的機能の発揮のための地域活動等に対して支援する等、インセンティブを充実させるなど、持続的・積極的な営農を支えることも望まれる。

　霞堤遊水地が、内水排除や氾濫流の還元、河川水位の低減、堤防決壊防止に機能した場合、水位が低減する範囲（便益の範囲）は限定的だが、堤防決壊は免れ周辺の被害は最小化される。しかし、被害は最小化されたとしても、農地は冠水しており、農家は洪水後には消毒とともに、流れ込んだごみと堆積土砂の撤去に追われる。農業共済の収量補償は100％ではないものの、最近では、漂着ごみの撤去については災害復旧制度を活用することで農家負担をゼロにする仕組みも確立している。

　以上のように既存霞堤を保全する手段はいくつもある。どの手段をどのように組み合わせ、適用することが地域にとってベストなのかを見極める行政手腕が試される。霞堤遊水地を巡る議論は、流域治水の社会実装を考えるうえで重要な示唆を与えてくれる。

2　流域治水とグリーンインフラ

　滋賀県では2012年度以降ひと足先に"流域治水"に取り組んできたが、その一方で、県内の多自然川づくりは冬の時代を迎えている。

　多自然川づくりは、「河川全体の自然の営みを視野に入れ、地域の暮らしや歴史・文化との調和にも配慮し、河川が本来有している生物の生息・生育・繁殖環境及び多様な河川景観を保全・創出するために、河川管理を行うこと」と定義されており、「多自然川づくり」は中小河川も含むすべての川づくりの基本とされている（国土交通省2006）。多自然川づくりは、グリーンインフラの取組みのひとつである（国土交通省2023）。

　現在、流域治水への転換が進むが、流域治水も河川法に基づく治水制度を前提としている。河川管理の立場で見れば、社会経済活動が営まれる堤内地（集水域・氾濫域）は土地利用にかかわらず公平に防御すべき対象である。社会が流域治水に転換しても、河川管理者から集水域・氾濫域（都市・森林・農地など）に暮らす人びとや所管行政等に対し、「治水の一端を担ってほしい」とか、まして「氾濫することを前提としてもらいたい」と要請するのは相当ハードルが高い。堤内地で被害をうける立場から見ると、河川管理者が自らの（洪水を防御するという）行政責任を放棄したようにも受け取れる。そのため、河川管理者としては、治水工事に最善を尽くしたうえで（所管する対策を全部やり切ったうえで）、「それでもリスクが残るので何とか協力してほしい」とお願いし理解を得ることになる。例えば、滋賀県では、議会、関係機関、流域住民からの理解を得るため、河川整備の予算を増額し徹底的に治水対策に取り組んだ。河道内樹林を伐採し、河道を掘削し、護岸・床固を整備し、治水上有利な（流下能力が最大となる）断面を確保し堤防を強化した。筆者は流域治水が進めば、河川の負担が軽減でき多自然川づくりが進むと期待していたが、逆に多自然川づくりを失速させるリスクを招いてしまった。流域治水と連動して多自然川づくりが進むような制度的・技術的工夫が求められる。

3　小さな流域治水――ボトムアップのアプローチ

　集水域・氾濫域は権限が錯綜している。そのような中で流域治水を着実に進めるためには、各主体が水害リスクの変化を見ながら、①施策の進捗点検・効果検証、②関係者間のビジョン共有と目標の逐次更新、③役割分担の設定と実施、をスパイラルアップしながら進めていく、いわゆる「流域ガバナンス」の構築が必要である。各地に設置された流域治水協議会はそのプラットフォームとしての役割が期待される。こと流域治水に関しては、河川管理者は一事業者ではあるが、「流域ガバナンス」を進めるためのコーディネーターや舞台回しとしての役割が大きい。各流域で発足した流域治水協議会が今後どのように展開されていくかで、流域治水の行く末が決まる。

　ところで、読者のみなさんは、「小さな自然再生」（三橋2015）をご存じだろうか。最近では、「小さな自然再生」が各地で進められており、多自然川づくりを補完する取組みとして期待されている。小さな自然再生は、誰もが日曜大工感覚で仲間とともに手軽に取り組める自然再生で、①自己調達できる資金規模であること、②多様な主体による参画と協働が可能であること、③修復と撤去が容易であること、が共通の特徴になっている。大河川での大規模な土木工事を伴う多自然川づくりとは異なり、身近な河川・水路での小規模な取組みとなる。小規模ゆえ試行錯誤（やり直しや改良）も容易で、結果として失敗が少ない。身近な河川・水路が対象であり、また試行錯誤のたび一喜一憂するため、「自分事化」が進む。「小さな自然再生」に関わる人口が増えれば、河川管理者による「多自然川づくり」の後押しにもなる。また、地域住民が主体となるため行政区分（縦割り・管轄）を越境可能である。河川も農業水路も（使う技術は同じで）区別なく取り組める。

　「小さな自然再生」はこれまでも中小河川や農業用排水路で数多く実施されてきた。流域治水とあわせて展開することで、集水域・氾濫域に張り巡らされる水系ネットワークを救う可能性を秘める。森・里・川・湖（海）、それぞれの地域で小さな自然再生を展開すれば、流域スケールの自然再生につながが

る。

　また、「田んぼダム」や「霞堤の保全・整備」など、集水域・氾濫域での施策メニューはある種"利他的な"行動のうえに成り立つ。かつ、どこまで効果があるのか未だつかみづらい対策でもある。そのうえ、社会経済の先行きが不安な昨今にあって、利他的な行動を促すことは難しい。加えて、流域には既に数多の権限が錯綜し、何を始めるにも関係者が多い。関係者は多ければ多いほど全員の合意を得ることは難しくなる。それゆえ、「小さな自然再生」と同様に、まずは小さくてもよいので、できる範囲でできることから始めることをお勧めしたい。そして、流域治水に参加することで、当事者・関係者に利益があることが外から見えるようになれば、次の動きを誘発する。まずは小さな積み重ねから始め、それが広がることで、足元から流域治水的な社会を実現していく必要がある。

　流域治水を進めるための制度は出揃いつつある。あとは、流域住民、現場の技術者・研究者がどうやって命を吹き込むかが試されている。利他的な行動の対象は身近な方がよい。遠くの誰かのためではなく、家族や隣人、地元の友人、仲間のためなら少し面倒なことも引き受けようと思える。流域治水は総動員の治水、総合政策である。

引用・参考文献

- 安達満（1997）『川除仕様帳解題』日本農書全集65、開発と保全2、農山漁村文化協会
- 大熊孝（2004）『技術にも自治がある―治水技術の伝統と近代―』人間選書、農山漁村文化協会
- 国土交通省（2024）「多自然川づくり基本指針」（令和6年6月改定）
  https://www.mlit.go.jp/kisha/kisha06/05/051013/02.pdf（2024年6月30日閲覧）
- 国土交通省（2023）『グリーンインフラ実践ガイド』
  https://www.mlit.go.jp/report/press/content/001634897.pdf（2024年6月30日閲覧）

- 滋賀県（2012）「滋賀県流域治水基本方針」

    https://www.pref.shiga.lg.jp/ippan/kendoseibi/kasenkoan/19534.html（2024年6月30日閲覧）
- 滋賀県（2017a）湖北圏域水害・土砂災害に強い地域づくり協議会「第8回協議会報告」

    https://www.pref.shiga.lg.jp/ippan/kendoseibi/kasenkoan/19537.html（2024年6月30日閲覧）
- 滋賀県（2017b）「浸水警戒区域【米原市村居田地区】」

    https://www.pref.shiga.lg.jp/file/attachment/1020655.pdf（2024年10月1日閲覧）
- 瀧健太郎、松田哲裕、鵜飼絵美、小笠原豊、西嶌照毅、中谷惠剛（2010）「中小河川群の氾濫域における減災型治水システムの設計」河川技術論文集、第16巻477–482頁

    https://doi.org/10.11532/river.16.0_477（2024年6月30日閲覧）
- 瀧健太郎、松田哲裕、鵜飼絵美、藤井悟、景山健彦、江頭進治（2009）「中小河川群の氾濫域における超過洪水を考慮した減災対策の評価方法に関する研究」河川技術論文集、第15巻49–54頁

    https://doi.org/10.11532/river.15.0_49（2024年6月30日閲覧）
- 瀧健太郎、山下花音、平山奈央子、髙西春二（2019）「中小河川群の氾濫水理解析に基づく地域防災力向上戦略の検討」河川技術論文集第25巻81頁
- 瀧健太郎（2022）「流域治水時代における伝統工法「霞堤」の可能性―その機能を再び読み解く―」土木学会誌107巻1号78–79頁
- 瀧健太郎（2020）「霞堤・防備林のグリーンインフラとしての役割」、『実践版！ グリーンインフラ』、日経BP社4.42–4.45頁
- 瀧健太郎（2018）「リスクベースの氾濫原管理の社会実装に関する研究―滋賀県における建築規制区域の指定を事例として―」日本リスク研究学会誌、28巻1号31–39頁

    https://doi.org/10.11447/sraj.28.31（2024年6月30日閲覧）
- 田中耕司、大久保省良、村岡治道、北村祐二、前田善一、小根田康人（2012）「洪

水によって人的被害が想定される地区の減災対策」土木学会論文集Ｆ６、68巻2号Ｉ_153–Ｉ_160頁

https://doi.org/10.2208/jscejsp.68.I_153（2024年6月30日閲覧）

- 中村太士、島谷幸宏、大槻順朗、関根秀明、瀧健太郎、西廣淳、原田守啓（2021）「2019年台風19号（令和元年東日本台風）災害を踏まえた治水・環境への提言」応用生態工学 第24巻2号355–367頁

https://doi.org/10.3825/ece.21-00014（2024年6月30日閲覧）

- 堀 智晴、古川 整治、藤田 暁、稲津 謙治、池淵 周一（2008）「氾濫原における安全度評価と減災対策を組み込んだ総合的治水対策システムの最適設計−基礎概念と方法論−」土木学会論文集Ｂ第64巻1号1–12頁

https://doi.org/10.2208/jscejb.64.1（2024年6月30日閲覧）

- 三橋弘宗（2015）「水辺の小さな自然再生とは」「小さな自然再生」研究会『できることからはじめよう 水辺の小さな自然再生事例集』、「小さな自然再生」事例集編集委員会、日本河川・流域再生ネットワーク（JRRN）、6–9頁

（瀧　健太郎）

第3章

流域治水政策における自治体の位置づけと主体間の連携

第3章　流域治水政策における自治体の位置づけと主体間の連携

第1節
自治体が関わる流域治水の取組みの全体像

　本章では、流域治水による防災・減災を実現する上で自治体が取り組む施策を、流域治水関連法を中心とした制度・施策への取組み状況と、流域治水協議会を中心とした主体間の連携の枠組みの観点からそれぞれ整理し、本章以降の「実践編」各章で取り上げられている各論点を俯瞰する。

1　自治体が関わる流域治水の法制度の概観

　流域治水政策の中心となる法律群として、流域治水関連法が挙げられるが、この法律は「特定都市河川浸水被害対策法等の一部を改正する法律」（以下、「流域治水関連法」）という名前のとおり、特定都市河川浸水被害対策法（以下、「特定都市河川法」）を含む複数の法律の内容を改正するものであり、関連する条文は多岐にわたっている。

　それに加えて、流域治水関連法の制定以前から運用されている都市計画・土地利用行政に関わる制度、流域治水関連法の制定前後に都市再生特別措置法の改正などによって創設された立地適正化計画の防災指針制度などもあり、現状において自治体が関わる可能性のある制度は多岐にわたっている[1]。**図表3-1**では、これらの法律に関連した制度のうち、特に自治体が関係する主要なものを抜粋、整理している。河川・治水行政の枠組みによるものと都市計画・土地利用行政の枠組みによるものの2つに大別することができ、また法律では対応しきれない部分について、地域特性に応じて都道府県、市区町村

---

[1]　流域治水関連法制定前後の都市の水害対策に関連した制度の展開を、特に建築・土地利用マネジメントの観点から論点を整理し、各種制度・施策の評価を行っている研究として、中野ら（2023）が挙げられる。

第1節　自治体が関わる流域治水の取組みの全体像

による条例が位置づけられる。

図表3-1　自治体が関わる流域治水に関係した法律・制度・計画・条例等
（図中のA～Hは、本文中の箇所に対応）

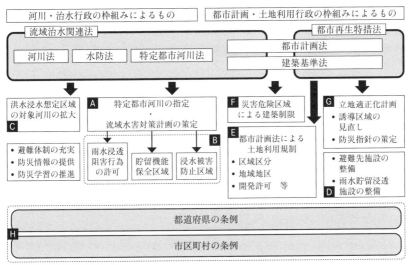

出典：筆者作成

（1）　河川・治水行政に関連した制度等

　河川行政の取組みにおいては、流域治水政策に転換されたといっても、堤防やダムの整備を中心とした河川の改修、下水道の整備など、従来から取り組まれてきた治水の取組みをより充実させていくことは必要であり、一級河川、二級河川の河川管理者である国及び都道府県が主体となって取り組む部分は依然として大きく、市町村が直接的にハード整備に関わる部分は、相対的には小さい。

　それに対して、第1章で述べられているとおり、特定都市河川法の改正によって特定都市河川として位置づけられる河川の要件が拡大されたこと（**図**

第3章　流域治水政策における自治体の位置づけと主体間の連携

表3-1A)、それに伴い各種の土地利用・建築規制に関連した制度（雨水浸透阻害行為の許可・貯留機能保全区域・浸水被害防止区域：**図表3-1B**）が適用される可能性が広がったことは、自治体にとって影響が大きい事柄である（具体的な取組みは本章第2節で詳述）。また、水防法の改正によって、洪水浸水想定区域の公表範囲が従来は主要河川に限られていたのが中小河川まで対象が広がったこと（**図表3-1C**）により、市町村はより広範囲の市街地、住民に対してそのリスクを公表、周知することが求められるようになり、業務、組織面において対応が求められている。その具体的な取組みについては第4章にて述べられている。

(2) 都市計画・土地利用行政に関連した制度等

一方で、都市計画・土地利用行政の枠組みにおいては、流域治水関連法によって都市計画施設としての避難先施設の整備や雨水貯留浸透施設の整備の推進（**図表3-1D**）が位置づけられているが、それらの取組みだけでなく、都市計画法に基づく区域区分（市街化区域、市街化調整区域の線引き、あるいは線引きの廃止）、地域地区（用途地域、各種地区）、開発許可（主に市街化調整区域における開発行為の許可など）といった、基本的な土地利用計画、規制の運用（**図表3-1E**）によって、水害の被害をできるだけ小さくすることが重要である。また、建築基準法第39条で定められた災害危険区域による建築制限（**図表3-1F**）は、特に災害リスクの高い区域における被害を未然に防ぐ最も強い規制として、これまで各地で指定されてきた[2]。

2014年の都市再生特別措置法改正によって創設された立地適正化計画（**図表3-1G**）は、2023年12月31日現在、537自治体によって策定・公表されている。立地適正化計画の主要な制度である、コンパクト・プラス・ネットワークの実現のための「居住誘導区域」及び「都市機能誘導区域」（都市再生特別措置法第81条第2項第2号及び第3号）は、水害をはじめとした災害の被害が

---

[2] 出水等に関する災害危険区域の活用に関しては、国土交通省（2020）に詳しい。

想定される区域においては原則として誘導区域に設定しないこととされているが、実態としては既存の中心市街地などで浸水想定区域であっても誘導区域に指定されている都市もある。2020年の都市再生特別措置法改正によって立地適正化計画制度に「防災指針」（都市再生特別措置法第81条第2項第5号）が位置づけられ、浸水想定区域をはじめとして災害被害が想定されるが誘導区域に設定する区域について、防災対策を定めることとなっている。これらについては第6章・第7章において述べられている。

(3) 都道府県・市区町村の条例の意義と位置づけ（図表3-1H）

　上記のように、従来から存在する各種の個別法の制度による対応に加え、流域治水関連法など近年の法律の制定、改正によって、流域治水の実現に向けた各種制度が整えられており、自治体が取り組むことができる施策は充実してきている。しかしながら、これらの法律及びその制度は全国一律のものであり、地域に固有の課題にすべて対応することができるとは限らない。そこで重要になるのが、都道府県、及び市町村の策定する条例による制度、規制等の運用である。第2章で述べられているとおり、流域治水のコンセプト及び制度の創設・運用は、滋賀県の流域治水条例が全国に先行して取り組まれてきたものである。第5章では、滋賀県を含む、複数の都道府県と市町村の流域治水に関する自主条例について、各条例の分析から述べられている。

2　主体間の連携の意義

　流域治水政策に関係する法制度は上記のように多岐にわたり、計画や事業の間の調整、連携は重要である。一つの自治体の中だけでも少なくとも河川、上下水道、都市計画、防災（危機管理）など複数の分野が関わることが想定され、また流域の他市町村、都道府県、国との連携は必然的に求められるであろう。流域治水に関係した計画の策定や事業実施にあたっての連携・調整や情報共有のための場として、一級水系で設置される流域治水協議会、特定都

市河川の流域で設置される流域水害対策協議会がある。本章第3節ではこれらの協議会の概略を整理するとともに、市町村の立場から見た連携の意義などの実態について、本調査研究で実施したアンケート調査（日本都市センターアンケート2023）をもとに検討する。

第2節 流域治水関連法に基づく土地利用関係の制度とその取組み状況

1　特定都市河川への指定の現状

　特定都市河川浸水被害対策法は2004年に施行され、2021年の流域治水関連法制定に伴う法改正までに東京都、神奈川県、静岡県、愛知県、大阪府の都市部を中心とした8水系が特定都市河川に指定されていた。第1章で述べられているとおり、流域治水関連法による法改正によって、流域の市街化の度合いだけでなく河川の自然地形的特徴も特定都市河川への指定要件として追加され、2021年12月の大和川の奈良県内の流域を皮切りに、2024年4月までに全国24水系327河川で特定都市河川への指定がなされている。

図表3-2　特定都市河川に指定済または指定を検討している河川の位置図

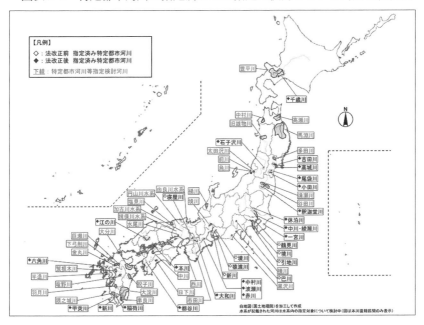

出典：国土交通省「特定都市河川ポータルサイト」

　また、国土交通省の取りまとめによると、図表3-2に示されている全国の37河川において今後5年間を目途に特定都市河川への指定を目指した検討が進められている。特定都市河川に指定されることで、当該河川の河川管理者等は、特定都市河川流域における浸水被害の防止を図るため河川・流域における雨水の貯留・浸透、保水・遊水機能の維持・向上等の対策を位置づけた「流域水害対策計画」の策定をしなければならない。2024年6月時点において、これまで特定都市河川に指定された河川のうち12水系・河川において流域水害対策計画が策定されている。法改正以前に特定都市河川に指定された一部の水系・河川においては計画の見直しも進められているほか、今後特定都市河川への指定を目指している水系・河川も含めて、計画の策定は順次進められている。

2　特定都市河川における土地利用関係の制度

(1)　土地利用規制制度の種類と特性

特定都市河川に関連した土地利用・建築に関わる規制・制度としては、区域を定める土地利用規制に関する制度として貯留機能保全区域、浸水被害防止区域が、特定都市河川に指定された河川の流域全体で適用される規制として「開発等に伴う雨水流出増に対する流出抑制対策の義務付け（雨水浸透阻害行為の許可）」が位置づけられている。

「雨水浸透阻害行為の許可」の対象となる行為は、特定都市河川流域内における以下の行為のうち、1,000m^{2}以上の規模のものである。

① 宅地等以外の土地（山地、林地、耕地、原野（草地）、締め固められていない土地）から宅地等に含まれる土地（宅地、道路、池沼、水路、ため池、鉄道線路、飛行場）にするための土地の形質の変更
② 土地の舗装（例：農地の駐車場への改変）
③ 排水施設を伴うゴルフ場、運動場等の設置
④ ローラー等により土地を締め固める行為

この制度は一定規模以上の開発行為に対して雨水の貯留、浸透対策を求めるもので、開発や建築行為そのものを規制・制限するものではなく、当該の土地でどのような規模・用途の開発・建築ができるかは、都市計画法などによる土地利用規制や開発許可基準などによって決まるものである。

それに対して特定の区域を指定する貯留機能保全区域、浸水被害防止区域の2つの制度は、制度創設から間もないこと、また指定によって規制強化に対する地権者の合意を得ることが難しいことなどから、本書の執筆時点において適用事例はまだ少ない。これらの区域の制度を含め、災害危険区域など関連する土地利用規制制度を適用する上での考え方については、霞堤遊水地の保全という観点から馬場ら（2023）において整理されている。

第2節　流域治水関連法に基づく土地利用関係の制度とその取組み状況

図表3-3　土地利用規制制度の指定範囲と目的による特性分類

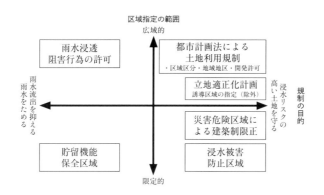

出典：筆者作成

　図表3-3では、規制の目的（浸水リスクが高い土地を守る⇔雨水の流出を抑える・ためる）を横軸、区域指定の範囲（広域的⇔限定的）を縦軸として、関連する土地利用規制に関わる制度を位置づけた。各制度が規制の対象とする行為、建築物等の種類や、制限の強度・規制の手段などはさまざまであり、例えば都市計画法による土地利用規制、立地適正化計画による誘導区域は、それぞれが目的とする市街地の整備・開発や居住・都市機能等の立地を、災害リスクが高い土地において「指定しない」という消極的な手法であるのに対して、他の制度は災害リスクの高い土地、あるいは雨水の流出を抑えるべき土地において各種の行為を規制するという積極的な手法である。

　流域治水以前は、広域的に、浸水リスクの高い土地の開発を抑制する手法が主体であったところに、2021年の特定都市河川法改正による各制度が加わることで、雨水の流出を抑える・ためるための規制、地域を限定したきめ細かな規制が可能となっている。さらに前述のとおり、流域治水関連法制定による特定都市河川法の改正で、特定都市河川への適用可能性が全国の河川に広がったことから、多くの自治体においてこれらの制度を活用することが可能となっており、目的、地域特性に合わせた、各種制度の適用・指定の展開

が期待される。

(2) 制度適用の実態と自治体における課題・論点

　本調査研究で実施したアンケート（日本都市センター2023）ではQ15「立地適正化計画の制度が創設された2014年以降、都市計画・土地利用に関係した以下の各種計画・条例等の見直しを行った（もしくは検討している）ものはありますか。〔複数回答可〕」という設問にて、「7．流域治水関連法に基づく土地利用規制」という選択肢を設定したが、この項目に該当すると回答したのは6自治体にとどまった。この6自治体に対して補足調査を実施したところ、2自治体は特定都市河川に指定されたことに伴う「雨水浸透阻害行為の許可」が適用されたという状況であったが、それ以外は特定都市河川への指定が「検討」されている段階で、アンケート回答時点においては具体的な規制等の適用はされていない状況であった。

　雨水浸透阻害行為の許可権者は都道府県知事であるが、流域の自治体（市町村）においては、自治体内で開発等を検討している事業者に対して、雨水浸透阻害行為に関する情報の周知やそれに該当する場合の相談、都道府県の担当部署の紹介等の窓口として、関与することとなる。本調査で回答があった自治体からは、日常的な開発（建設）事業者とのやりとりの中で、雨水流出増に対する流出抑制対策の費用の負担が大きいことに対する相談があったこと、またこの対策をしたとしてもすべての浸水被害を防ぐことは難しいという課題があることなどが挙げられた。

3　今後の展望

　特定都市河川への指定や特定都市河川法に基づく各種の区域指定については、土地利用・建築規制の強化につながることから、導入されている自治体はまだ多くはない。これらの制度は、法律に基づくゆえに、それぞれの目的、適用、手法などが異なり、一方、自治体における河川や土地利用の状況はさ

まざまである。したがって、今後の法制度の運用にあたっては、流域治水の原理をふまえ、地形的特質や土地利用や水と人との関係など、地域の固有性を考慮した計画に基づき推進されることが望まれる。

第3節 流域治水政策における主体間連携の枠組み

1 「流域治水協議会」と「流域水害対策協議会」

　流域治水政策においては、国、都道府県、市町村、民間事業者など各主体が、さまざまな対策に取り組むこととなるが、その連携の枠組みは2つの層に分けて考えることができる。第一の層は、国が管理する一級河川・水系において設置される「流域治水協議会」であり、一級水系の流域ごと（長大・広域にわたる場合は上流／下流などで分けられる場合もある）に協議会が設置され、各主体が取り組む対策などが「流域治水プロジェクト」として明確化され、主体間の連携が図られる。第二の層は、特定都市河川法による「流域水害対策協議会」であり、特定都市河川に指定されることによってその沿川の自治体などが参画する枠組みである。これらの協議会の設置パターンは以下の4つに類型化できる（**図表3-4参照**）。

① 一級水系全体で流域治水協議会が設置されているが、特定都市河川に指定された河川が無いパターン（全国の一級水系多数）
② 一級水系全体で流域治水協議会が設置されるとともに、本川の一部区間あるいは支川水系が特定都市河川に指定され、その流域に流域水害対策協議会が設置されるパターン（例1：江の川（一級水系）の上流部

流域が特定都市河川に指定・例2：石狩川（一級水系）の支川である千歳川が特定都市河川に指定）
③　一級水系全体が特定都市河川に指定され、流域治水協議会と流域水害対策協議会の設置範囲が同一であるパターン（例：鶴見川（一級水系）の全体が特定都市河川に指定）
④　二級水系が特定都市河川に指定され、流域水害対策協議会が設置されるパターン（例：一宮川（千葉県）、甲突川（鹿児島県）など）

図表3-4　流域治水協議会と流域水害対策協議会の設置パターン

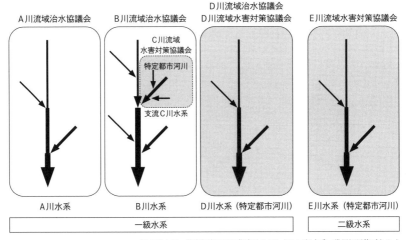

（このほかに、特定都市河川に指定されていない二級水系、準用河川等がある。）

出典：筆者作成

　各協議会の設置状況、言い換えれば協議会への自治体への参加の状況は、基本的に複数の県にまたがる一級水系河川の流域全体を対象とした流域治水協議会には全国の多くの自治体が参加しており、本調査研究で実施したアンケート調査（日本都市センターアンケート2023）でも回答自治体のうち87.6%が参加していると回答した。それに対して流域水害対策協議会は、特定都市河

川に指定される河川自体の特性として、法改正以前は沿川の市街地化が進んだ「都市」河川を対象としていたこと、法改正によって追加された「接続する河川からのバックウォーターや接続する河川の排水制限が想定される河川」という要件などから、大河川に接続する中小河川を中心として指定されている、もしくは指定が検討されている状況にあり、全国の自治体があまねく参画する枠組みではない。前節で述べたように協議会設置の前提となる特定都市河川に指定された河川・水系が限られており、参加している自治体は現状では多くないこと、協議会における連携に係る課題以前の論点として、特定都市河川への指定に係る課題が相対的に大きく、それについては前節で述べたため、以下では一級水系における流域治水協議会、流域治水プロジェクトについて、その実情と連携の課題等について検討する。

2　流域治水協議会・プロジェクトと主体間の連携

(1)　流域治水協議会・プロジェクトの概要

　流域治水政策に関する取組みについて、国土交通省では全国の一級水系に設置された流域治水協議会の情報を取りまとめ、ウェブサイト[3]で公開している。各水系の協議会では、国、都道府県、市町村、民間事業者等が取り組む事業、施策等について、流域治水プロジェクトとしてその実施箇所と項目を地図にまとめて示すとともに、短期、中期、長期の時間軸にて取り組むべき事業・施策等のロードマップも示されている。ここで挙げられている事業・施策には、氾濫をできるだけ防ぐ・減らすための対策、被害対象を減少させるための対策、被害の軽減、早期復旧・復興のための対策に加え、多様な生物の生息、成育環境の保全のための多自然川づくりや魅力ある水辺空間・賑わいの創出といったグリーンインフラの取組みも含まれており、各取組みに

---

[3]　国土交通省「流域治水プロジェクト」https://www.mlit.go.jp/river/kasen/ryuiki_pro/index.html（2024年6月30日閲覧）

ついてその実施主体が明記されている。

　協議会は、概ね年に1～2回程度の頻度で開催されることが一般的な傾向であり（Webや書面開催も含む）、関係する主体による取組みに関する情報共有のほか、多段階の浸水想定、水害リスクマップ等の公表などが行われている。

（2）　流域治水協議会を通じた主体間の連携

　本調査研究で実施したアンケート調査（日本都市センターアンケート2023）では、流域治水協議会・プロジェクトへの参加の状況、連携に関する質問をQ11～14に設定した。

・主体間連携の意義

　Q14では、流域治水協議会への参加の有無によらず、関係主体との連携をする意義について尋ねた。**図表3-5**に示すとおり、最も多く回答されたのはリスクなどに関する情報の共有であった。これは、多段階の浸水想定マップなど流域治水政策を推進する上で重要となる情報は、自治体単独で調査・分析することが困難であり、実態として国あるいは都道府県が作成したマップを参照していると回答した自治体が多かったことからも、自治体にとって重要視されていることがわかる。次いで、事業実施にあたっての調整、計画策定・検討にあたっての調整も、第一に都道府県、第二に国との間で連携が重要であると回答されているが、特に流域治水プロジェクトとして国や都道府県が施工する河川改修事業にあたっての地元との調整や、都市計画法に関連した各種計画、制度等の改定・検討にあたっての都道府県との調整といった場面が想定される。

第3節　流域治水政策における主体間連携の枠組み

図表3-5　アンケート調査Q14の集計結果

	事業実施にあたっての調整	リスクなどに関する情報の共有	計画策定・検討における調整	人事的な交流	その他
国（河川事務所）	276 66.00%	320 76.60%	272 65.10%	94 22.50%	5 1.20%
都道府県	319 76.30%	332 79.40%	319 76.30%	118 28.20%	5 1.20%
流域の市区町村全体	189 45.20%	320 76.60%	234 56.00%	115 27.50%	8 1.90%
特定の市区町村	139 33.30%	252 60.30%	167 40.00%	94 22.50%	8 1.90%
民間事業者（電力、鉄道など）	156 37.30%	244 58.40%	150 35.90%	52 12.40%	16 3.80%

出典：日本都市センターアンケート（2023）

• 流域治水協議会への参加による変化

Q13では、流域治水協議会に参加している自治体を対象として、他の各関係主体別に、流域治水プロジェクト以前から連携することが多かったか否かと、流域治水プロジェクトによって連携が強くなったか否かの組合せによる4択にて尋ねた。

図表3-6に示すとおり、国や都道府県との連携は、流域治水プロジェクト以前から連携をすることが多かったと回答した割合が比較的多く、またその中で流域治水プロジェクトによってさらに連携が強くなったと回答した割合も比較的多い。一方で、流域治水プロジェクト以前も連携がほとんどなく、以後も変わらないという割合は、国や都道府県であっても約2～3割、市区町村については約4～5割、民間事業者に対しては約6割であり、流域治水協議会に参加しているとはいっても治水に関わる他主体との連携があまりない自治体は一定数存在していることも示された。

いずれの主体に対しても、流域治水プロジェクト以前に連携があったか否

かにかかわらず、流域治水プロジェクト以後に連携が強まった、連携するようになったと回答した割合は、それぞれ従前と変わらないという割合と比較して小さい。すなわち、従前から連携をしていた主体に対しては変わらず連携を続け、連携がなかった主体との新たな連携が行われるようになったというケースは多くはなかったことを示している。

図表3-6　アンケート調査Q13の集計結果

	流域治水P以前から連携をすることが多かった		流域治水P以前は連携をすることはほとんどなかった		無回答
	流域治水Pによって更に連携が強くなった	従前と変わらない	流域治水Pによって連携をするようになった	従前と変わらない	
国（河川事務所）	89 23.80%	107 28.60%	45 12.00%	120 32.10%	13 3.50%
都道府県	95 25.40%	141 37.70%	43 11.50%	90 24.10%	5 1.30%
流域の市区町村全体	56 15.00%	117 31.30%	41 11.00%	154 41.20%	6 1.60%
特定の市区町村	30 8.00%	109 29.10%	20 5.30%	193 51.60%	22 5.90%
民間事業者（電力、鉄道など）	18 4.80%	93 24.90%	14 3.70%	224 59.90%	25 6.70%

出典：日本都市センターアンケート（2023）

3　流域治水政策における主体間連携に関する総括

　本節では流域治水政策における主体間連携の枠組みを概略的に整理し、特に流域治水協議会への市町村の参加の実態についてアンケート調査をもとに検討した。市町村の立場から見た流域治水における主体間連携の意義は、リ

スクなどの情報の共有が重要視されているという実態が明らかとなった一方で、人事的な交流は多くは挙げられなかった。

　流域治水協議会・プロジェクトへの参加によって他主体との連携がより強くなったという回答は多くはない。流域治水協議会に参加しているといっても、近年の水害被害の経験、想定される水害リスクの度合い、プロジェクトとして位置づけられる事業や施策の有無などは、市町村ごとにさまざまであるという実態を反映したものと考えられる。

　第4章で指摘されているように、流域治水を担う職員の確保・育成において他市町村や都道府県との連携は重要な手段のひとつと考えられ、その連携の場として流域治水協議会を通じた人事的な交流が促進されることが、今後の展望としては期待される。

引用・参考文献

- 日本都市センター（2023）「気候変動に対応した防災・減災のまちづくりに関する研究会アンケート調査資料編　調査の概要及び単純集計結果の一覧」（本書では「日本都市センターアンケート2023」）https://www.toshi.or.jp/publication/19458/（2024年7月30日閲覧）
- 中野 卓、木内 望（2023）「都市の水害対策に向けた建築・土地利用マネジメントの展開とその評価」都市計画論文集 58巻3号、1423-1430頁
- 馬場 大輝、築山 省吾、辻 光浩、瀧 健太郎（2023）「令和4年8月豪雨時の高時川霞堤の機能評価と保全方策の検討」河川技術論文集 29巻、413-418頁
- 国土交通省住宅局（2020）「出水等に関する災害危険区域の指定事例等」https://www.mlit.go.jp/jutakukentiku/build/content/001362907.pdf（2024年6月7日閲覧）
- 国土交通省「特定都市河川ポータルサイト」https://www.mlit.go.jp/river/kasen/tokuteitoshikasen/portal.html（2024年3月13日閲覧）

（髙野　裕作）

第4章

流域治水に対応する組織・人員体制のあり方

第4章　流域治水に対応する組織・人員体制のあり方

第1節

流域治水の担い手と自治体の現状

1　流域治水とこれまでの河川管理の担い手の違い

　流域治水は、気候変動の影響による降雨量の増加等に対応するため、流域全体を俯瞰し、国や流域自治体、企業・住民等、あらゆる関係者が協働して取り組むべきものであるとされる（国土交通省2021）。

　これまでの治水行政は、基本的に河川管理者である国や自治体単位で行われてきた。そもそも河川のうち一級河川や二級河川は国（国土交通省）や都道府県が管理しており、市町村長が管理しているのは準用河川と河川法適用外の普通河川のみである。そのため、都道府県では河川管理を所管する部署が独立した「課」として設置されていることが一般的であるが、市町村、特に小規模市町村では土木担当課の一部に組み込まれていることも多く、組織的に脆弱で、専門知識を持つ職員も限られている状況にある。

　また、流域治水は、河川管理を所管する土木系の部署だけが担うのではなく、防災を所管する部署や流域内の農地を所管する部署などとの連携も必要になるが、これら関係部署との連携、特に部局を跨ぐ連携はこれまであまり図られてこなかった。加えて、企業、NPO、住民など行政以外の主体との連携も、河川環境保全や水難防止などの分野での取組みは見られるものの、治水面ではこれまであまり見受けられないのが現状である。

　このように、流域治水を実現するためには、これまでとはまったく異なる対応が必要であり、組織・人員体制の面でも大きな見直しが必要になる。

2 自治体の職員数の現状

ところで、流域治水に求められるような組織・人員体制を組めるだけの人的リソースを自治体は十分に持ち合わせているのだろうか。検討する前提として、自治体の職員数の現状を確認しておきたい。

自治体の職員数は、1994(平成6)年をピークに減少を続けてきた(**図表4-1**)。これはバブル景気の崩壊以降、逼迫した自治体財政を立て直すため度重なる行財政改革が行われ、人件費を抑制しようと職員数を極限まで削減してきたためである。

図表4-1 地方公務員数の推移（各年4月1日現在）

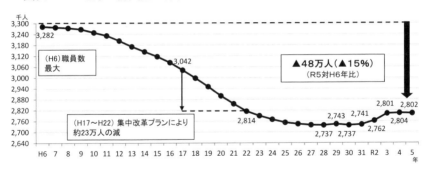

出典：総務省「令和5年地方公共団体定員管理調査結果の概要」(2023)

ここ数年は横ばいから微増程度で推移しているが、これは職員数を極限まで削減したところ、東日本大震災や新型コロナウイルス感染症への対応をはじめ突発的な事案が発生したときに機動的に対応できないケースがしばしば見られたことから、各自治体が最低限の人的スラック（人員的な余裕）の必要性を認識し、議会や住民もそれを容認するようになったことが大きい。しかし、そのような増加分は、福祉、衛生、防災など住民ニーズ及び緊急性の高い業務を抱える部署に配分され、治水を含む土木部門に配分されることは少ない。

第4章　流域治水に対応する組織・人員体制のあり方

　2023（令和5）年4月1日現在の自治体の土木職は83,092人、政令指定都市を除く市町村に限ると37,849人である[1]。1市町村あたり何人の土木職がいるかを表したのが**図表4-2**であり、これを見ると市町村の4分の1は土木職が1人もおらず、5人以下の団体も2割以上存在することがわかる。つまり、市町村の半数近くはゼロまたは5人以下の極めて少ない土木職しかいない中で、道路の建設・維持管理、河川管理など日々の土木系業務を担っているのである。

図表4-2　市町村の土木職の職員数（2023年4月1日現在）

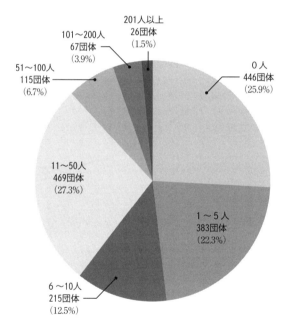

注）政令指定都市を除く1,721市町村
　　構成比は四捨五入のため合計が100％にならない場合がある。
出典：総務省「令和5年地方公共団体定員管理調査結果」をもとに筆者作成。

1）　総務省「令和5年地方公共団体定員管理調査結果」における「土木技師」の数。

仮に土木部門の職員数を増やそうと思っても、現在、土木職の確保は極めて難しくなっている。詳しくは第3節で記すが、採用倍率が2倍にも満たないのは当たり前で、募集定員を満たせないことも珍しくなくなっている。

本章では、このような深刻な人員不足の中、流域治水関連施策を担当する自治体（主に自治体）の組織体制と、そこに配置される職員の状況がどのようになっているのかを明らかにするとともに、その課題と対応策について考察する。

第2節

流域治水の推進に係る組織体制

1　流域治水の推進に求められる組織体制

流域治水の推進にあたっては、河川・治水担当部署のみならず、排水路を所管する建設担当、農業用水路を所管する農地・農業担当、雨水排水が流入する下水道を所管する下水道担当、さらには都市計画担当、防災・危機管理をはじめとする各担当の部署との連携が必要になる。2023年に日本都市センターが実施したアンケート調査（以下、「日本都市センターアンケート2023」という）においても、このような部署との連携が実際に図られている状況がうかがえた。

自治体内で部局横断的な連携を図ろうとする場合には、国における内閣府のように、首長直轄型の組織を部局の一段上に設置するのが一般的である。ただし、複数の部局に跨がる複雑な行政課題が多数存在する現代においては、すべてを首長直轄組織の所管にするのは無理がある。流域治水の場合は、土木部門でかなりの部分をカバーできるため、部局長直轄にするか、部局の次

長クラスがトップの組織を置くかのいずれかで十分対応可能のようにも思われる。

前出の日本都市センターアンケート2023によれば、2000年以降に発生した豪雨による土地の浸水被害を契機に「防災まちづくりを専門的に所管する部署を新設した」のは13団体、「防災まちづくりを専門的に所管する既存の部署の人員を強化した」のは20団体にとどまっている。また、「河川・水路等の整備・管理を所管する部署の人員を強化した」のも27団体に過ぎない（**図表4-3**）。職員数の削減・抑制トレンドの中、豪雨災害による浸水被害を受けて組織・人員体制面で何らかの対応を取ることができたのは少数派であったことがうかがえる。

このアンケート調査において、近年、治水関係の部署を新設したと回答した自治体を中心に、以下、どのような組織体制をとっているのか、その具体的な対応を以降、記していく。

図表4-3　豪雨災害による浸水被害を受けての組織・体制面の対応状況

（単位：団体）

防災まちづくりを専門的に所管する部署を新設した	13
防災まちづくりを専門的に所管する既存の部署の人員を強化した	20
防災まちづくりを専門的に所管する既存の部署に水害対策に対する業務を追加した	11
河川・水路等の整備・管理を所管する部署の人員を強化した	27
都市計画を所管する部署の人員を強化した	2
その他	38
特段の対応なし	86
無回答	264
合　計	444

出典：日本都市センターアンケート（2023）

2　藤枝市水害対策室

　豪雨による浸水災害を契機に専門部署を新設した例として、静岡県藤枝市の水害対策室が挙げられる(**図表4-4**)[2]。全国的に多発する水害に備えるため、2015年に河川課内に水害対策室を新設した。同室の所掌業務は、水防体制の管理、マイ・タイムラインの普及、出前講座の実施、水防訓練・土砂災害避難訓練の実施、河川水位計やライブカメラの運用などである。

　水害対策室の職員は、当初、すべて河川課職員が兼務していた。2019年台風19号による浸水被害を受け、2020年に同室の体制を拡充し、室長こそ河川課長兼務であったが、水防担当係長を専任で配置するようになった。

　水防担当係長の下の職員は、当初は河川課職員が兼務していたが、その後、豪雨災害が全国的に頻発していることを受けて水防業務をさらに充実させるため、専任の職員が1名配置されるようになり、「水害対策室長（河川課長兼務、土木職）－水防担当係長（2020～土木職、2022～事務職）－係員（事務職）」の体制となった。なお、それでもまだ業務量に対して人員が不足しており、河川課職員の支援を受けていることから、2023年10月時点で、室員の増員を要求中の状況であった。特に土木職の増員が望ましいとのことであったが、市役所全体で土木職が不足しており、事務職で対応できる業務については事務職に任せ、土木職でなければ対応が難しい業務については少ない人員でカバーし合っているとのことであった。

---

[2]　以下の記述は、2023年10月31日に実施した藤枝市都市建設部のインタビュー調査の結果に基づくものである。なお、もし記述に誤りがあった場合は、すべて筆者の責めに帰すものである（以下、他の自治体の事例調査についても同様）。

図表4-4　藤枝市都市建設部の組織（2023年度時点）

```
都市建設部─┬─都市政策課────────────都市政策係、計画係、土地対策係、都市景観係、技術指導担当
          │  └旧市街地活性化推進室　推進係
          ├─住まい戦略課──────────住宅政策係、空き家対策係
          ├─地域交通課────────────公共交通係、新交通推進係
          ├─中心市街地活性化推進課　再開発担当、推進担当
          ├─建築住宅課────────────建築指導係、市営住宅係、建築営繕担当
          └─花と緑の課────────────花と緑の係、計画整備係、公園魅力づくり担当

       └─基盤整備局─┬─建設管理課──────管理係、建設調整係、地籍調査係、用地係
                    ├─道路課──────────生活道路係、幹線道路係、維持係、道路ストック係
                    └─河川課──────────計画係、工務係
                       └水害対策室　　　水防担当
```

出典：「令和5年度藤枝市行政組織機構」より一部抜粋。

　流域治水の推進にあたり、多くの関係部署との連携が必要であることは既に述べたとおりであるが、藤枝市の水害対策室も例外ではなく、業務の遂行にあたり、河川課はもちろん、他部・他課とも連携を図っている。例えば、水防体制においては、都市建設部内各課と連携して配備体制を構築しており、また、水防配備体制下においては、総務部危機管理センターと密に連携している。

　なお、各部局との連携が必要な業務を推進しようとする場合には、これも前出のとおり、部局より一段高い組織にするなどの対応が効果的である。しかし、藤枝市の場合は特にそのような組織にはしておらず、都市建設部基盤整備局の河川課に属する室の扱いであるが、これまでのところ、庁内の連携について特に問題は生じていないそうである。

3　武雄市治水対策課

　佐賀県武雄市では、2019年から2年連続で浸水被害を受けたことを受け、2021年11月、国や県など関係機関との連携を強化し、治水対策に関する施策

の立案や推進を行うための部署として企画部内に治水対策課を設置した[3]。当初は課長1名、事務職1名の2名体制であったが、2023年4月から事務職1名、技術職2名が増員され計5名体制となっている。

治水対策課の担当業務は、治水政策の推進にかかる計画策定業務、雨水貯留浸透の推進、排水ポンプ車の運用に関する業務、治水対策の広報活動、流域治水協議会など他の機関と連携して行うプロジェクトに関する業務、ため池の治水活用に関する業務などである。

同課には、前出の職員5名のほか、防災・減災課、農林課、建設課、都市計画課、公園課に1名ずつ計5名の兼務職員を置いて庁内の連携を図っている。治水対策は、河川や地形などの特性によって地域ごとに異なるため、国や県など他の機関との勉強会や学識者との意見交換等を行うことで、市の治水上の問題点の理解を深めるように努めているとのことである。

4　伊勢崎市治水課

猛暑で有名な群馬県伊勢崎市は、気温が国内で最も高くなる日も多く、ゲリラ豪雨など気候変動の影響が大きいため、治水対策を積極的に推進している[4]。2024年4月、同市では、水害への対応を強化するため、建設部に治水課を新設した。複数の部署に関わる水路の計画と整備状況を把握し、適切な施設整備と効率的な維持管理を目指すとともに、道路冠水や浸水被害の迅速な解消を図ろうとするものである。

同課には、治水計画、治水対策、水路管理の3つの係が置かれ、流域治水を推進するために、建設部の排水路、農政部の用水路、上下水道局の雨水幹線の管理を総合的に所管する。その関係で、同課は建設部と上下水道局の両

---

3) 以下の記述は、武雄市への照会に対する書面回答（2023年3月）に基づくものである。
4) 以下の記述は、別に注記を付したものを除き、2023年12月1日付け上毛新聞「水害対応強化へ『治水課』を新設—伊勢崎市」及び伊勢崎市治水課への補足的な聞き取り（2024年4月8～9日）に基づくものである。

方に属する珍しい組織となっているが、同市によると、このような組織体制をとる治水担当課は全国的にほとんど前例がないとのことである。

群馬県においても、2025年3月の策定を目指している新たな県土整備プランにおいて、「災害レジリエンスNo.1の実現」へ「流域治水の推進」を新たな施策として掲げていくという[5]。このように県・市が流域治水の推進に積極的に取り組むことで、本来、一級河川は県、準用河川や普通河川は市という管理者の違いはあるものの、その枠組みを乗り越えて、流域の一体的な対策の検討が進むことが期待される。また、県・市が連携した取組みを進める中で、住民にわかりやすく伝え、当事者意識を啓発することも重要であるという。

第3節 土木職職員の確保

前出の日本都市センターアンケート2023によれば、流域治水協議会を所管するのは、「河川・水路整備・維持管理」の担当部署が圧倒的に多い（**図表4-5**）。このことから、自治体で流域治水を所管するのも同様にこれらの部署であると考えられる。本節ではこれらの部署を中心に、流域治水の主たる業務を担うであろう土木職の確保状況について論じる。

---

[5] 2024年3月26日付け群馬建設新聞「県県土整備部『ぐんま・県土整備プラン2025（仮称）』骨子を公表」

図表4-5　流域治水協議会の所管部署

(単位：団体、%)

都市計画(計画立案・改定・土地利用規制・開発許可等)	31	8.0%
面的整備(区画整理・市街地再開発・宅地造成等)	3	0.8%
道路整備・維持管理	44	11.3%
河川・水路整備・維持管理	263	67.6%
公園整備・維持管理	0	0.0%
無回答	48	12.3%
合　計	389	100.0

出典：日本都市センターアンケート（2023）を基に筆者作成。

1　土木職の採用状況

　河川、道路、箱物整備などいずれの分野においても近年、土木職は不足気味である。そもそも、自治体職員の採用環境は近年、事務・技術を問わず、かなり厳しい状況にある。

　2010年代に入ってから、民間の積極的な採用活動の影響を受け、地方自治体の職員採用試験の受験者数と競争率は減少・低下の一途を辿ってきた（**図表4-6**）。中でも特に受験者が少なく、採用が難しくなっているのは技術系の職種であり、中でも土木職の確保に苦労している自治体が多いと言われている。2019年に日本都市センターが実施したアンケート調査（以下、「日本都市センターアンケート2019」という）によれば、土木職の定員が確保されていると回答した自治体は40％程度にとどまっている。また、「職員の技術スキルが確保されている」と回答した自治体も70％程度にとどまっており、土木職は質量ともに十分でない状況がうかがえる（大谷2020b、日本都市センター研究室2020）。

図表4-6　自治体の採用試験の受験者数および競争率の推移

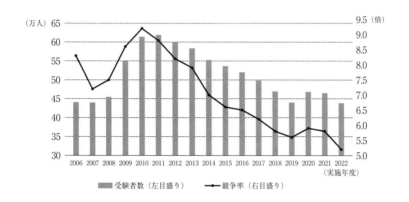

出典：総務省「地方公共団体の勤務条件等に関する調査結果」（各年度版）のデータをもとに筆者作成。

　やや古いデータであるが、2018年に筆者が一般社団法人地方行財政調査会と共同で実施した全自治体アンケート調査[6]によれば、土木職については、平均競争率が近年最も高かった2010年度に比べ、2017年度は受験者数が減少傾向にある中で採用人数を増やした結果、競争率が2～3倍程度まで下落していた。また、最終合格者の辞退率も上昇しており、特に、その他の市区の辞退率は18.8％、町村は17.1％と事務職の2倍近くに達していた（**図表4-7**）。つまり、少ない受験者、低い競争率の中、やっと合格者を出してもかなりの辞退者が出てしまうという、かなり深刻な状況にあったことがうかがえる（大谷2019b）。

---

6)　調査対象は全都道府県及び市区町村の合計1,788自治体の人事担当課及び人事委員会事務局。回収率は74.4％＝1,331団体（都道府県100％＝47団体、政令指定都市100％＝20団体、その他の市区83.4％＝662団体、町村64.9％＝602団体）。対象とした試験は、「事務（一般行政）」「土木」とも大学卒程度の主に新卒を対象とするものであり、いわゆる経験者採用試験（中途採用試験）は対象外である。なお、調査結果の全容は、大谷（2019a、2019b）を参照のこと。

第3節　土木職職員の確保

図表4-7　2010年度及び2017年度実施「土木」採用試験の結果

(単位：人)

団体区分	実施年度	実施団体数	応募者数(A)	受験者数(B)	最終合格者数(C)	辞退者数(D)	実採用者数(E)	平均競争率(各団体ごとのB/Cの平均)	平均辞退率(各団体ごとのD/Cの平均)	【参考：事務(一般行政)】平均競争率	平均辞退率
都道府県(n=47)	2010年度	46	3,756	2,565	691	110	531	4.9倍	8.7%	14.1倍	16.6%
	2017年度	47	3,483	2,569	1,022	186	753	2.5倍	13.6%	6.9倍	20.9%
	増減	1	▲273	4	331	76	222	▲2.4倍	4.9%	▲7.2倍	4.3%
政令指定都市(n=20)	2010年度	20	1,909	1,387	470	22	308	4.0倍	6.5%	12.6倍	13.8%
	2017年度	20	1,555	1,060	460	29	384	2.6倍	6.7%	9.1倍	16.4%
	増減	0	▲354	▲327	▲10	7	76	▲1.4倍	0.2%	▲3.5倍	2.6%
その他の市区(n=642)	2010年度	326	6,030	4,411	864	86	695	5.3倍	9.9%	14.5倍	7.4%
	2017年度	419	5,459	4,192	1,265	239	885	3.6倍	18.8%	10.2倍	10.9%
	増減	93	▲571	▲219	401	153	190	▲1.7倍	8.9%	▲4.3倍	3.5%
町村(n=602)	2010年度	41	129	93	25	3	22	3.8倍	15.0%	10.1倍	4.2%
	2017年度	159	362	292	88	19	69	2.3倍	17.1%	6.8倍	9.9%
	増減	118	233	199	63	16	47	▲1.5倍	2.1%	▲3.3倍	5.7%

注）非公表、資料保存なし、不明などとしている団体の数字は含まない。平均競争率、平均辞退率については、それらの団体を除いて算出。2010年度の状況については、2017年度に「土木」採用試験を実施したと回答した団体のみに尋ねた。

出典：大谷（2019b：420）

　この傾向は現在も続いている。総務省が2021年度に実施した「地方公務員行政に関する自治体アンケート[7]」によれば、各自治体に「専門職・技術職の人材・体制確保に関して大きな課題があるか」を尋ねたところ、①土木技師、②保健師、③建築技師、④ICT人材（CIO補佐官以外）については、「そう思う」または「少しそう思う」と回答したのが7割を超えていた。特に土木技師については、「そう思う」だけで5割を超えており、相当深刻な状況にあることがうかがえる（**図表4-8**）。

---

[7] 都道府県47団体、指定都市20団体、市区町村944団体（市区482団体、町村462団体）が回答。結果の概要については、総務省「ポスト・コロナ期の地方公務員のあり方に関する研究会」第4回資料に示されている。https://www.soumu.go.jp/main_content/000790977.pdf（2024年6月30日閲覧）

第4章 流域治水に対応する組織・人員体制のあり方

図表4-8 専門職・技術職に関する自治体の課題認識（人材・体制確保に関して大きな課題があるか）

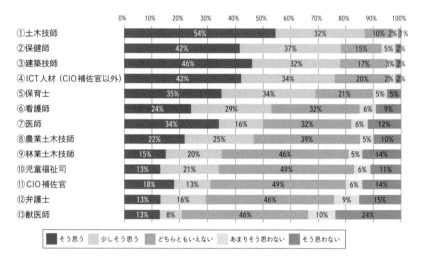

注）構成比は四捨五入のため合計が100％にならない場合がある。
出典：総務省「ポスト・コロナ期の地方公務員のあり方に関する研究会」第4回資料

　土木職の採用状況は、地域によっても異なる。一般的な傾向を言えば、地方の中心都市、特に県庁所在地においては、地元の大学からの人材供給に加え、都市部の大学に進学した者がUターンで戻ってくるため、優秀な人材を概ね確保できている。中心都市以外の地方部では、新卒の受験者数はかなり少ないものの、そもそも土木・建築系の業務が少なく必要人員も少ないことから、経験者採用等によってどうにか対応できている。三大都市圏の都道府県や政令指定都市などは、就活生の関心を惹くような魅力あるプロジェクトが多く、立地する大学の数も多いため、競争率は低下しているものの新卒受験者がそれなりに集まり、優秀な人材が確保できている。これらに対し、大都市、特に東京周辺に位置する中核的な都市では、土木系の業務が多く多数の職員を必要としているが、首都圏の民間企業や周辺自治体との争奪戦を勝ち抜かねばならず、厳しい戦いを強いられているという（規矩2020）。

2　土木職の採用に向けた取組み

　このような厳しい採用状況の中、各自治体も土木職の採用に関しさまざまな取組みを行っている。前出の日本都市センターアンケート2019によれば、ある程度の数の市区が実施し、その約半数以上が「効果があった」または「多少効果があった」と評価している取組みとして、「受験資格の年齢制限の緩和」「社会人採用枠の新設・拡大」「教養試験・専門試験の廃止」「インターンシップの実施」「大学等で説明会を開催」「試験日を他自治体と異なる日程にする」などが挙げられる（日本都市センター研究室2020）。

　近年は、募集広報面でさまざまな取組みを展開する自治体も増えてきている。例えば、大学生を対象に土木系技術職員養成塾「Dスクール」を開講し、施設見学会、個別相談会、インターンシップ等を実施（宮城県）、土木職のOB・OG訪問の受入れ（愛知県ほか）、オンライン説明会やオンライン面談の実施（愛媛県、鹿児島県ほか）、土木部門の仕事を紹介するYouTubeチャンネルの開設（山形県）、採用強化のため若手・中堅によるプロジェクトチーム「採用タスクフォース」を創設（名古屋市）、などが代表例として挙げられる。また、お客さんとして扱われがちなインターンシップを見直し、土木職志望の学生を会計年度任用職員として受け入れて実際にさまざまな業務を体験させる（宮城県）といった、民間企業では当たり前の取組みも行われるようになってきた[8]。

　このような取組みにもかかわらず、これまでのところ好転の兆しはさほど見えない。それは新卒者が自治体より民間企業を目指す決定的な理由があるためである。1つはゼネコンやコンサルと自治体との決定的な給与格差であり、もう1つは民間企業と自治体との業務内容の違いである。土木関係の仕事を志す者の多くは、ものづくりに直接携わることにやりがいを感じている

---

[8]　時事通信社iJAMP2021年12月6日付、2022年9月8日付、11月28日付、12月5日付、2023年1月18日付、5月26日付、8月4日付。

が、自治体の土木職は発注業務や維持管理業務が中心であって、最先端の技術を用いるプロジェクトの設計等に携わる機会はほぼないため、どうしてもやりがいの点で民間企業に劣ってしまうのである（大谷2020b）。

1つ光明があるとすれば、自治体職員を志望する者の中には、やりがいよりも地元で働くことを優先する者がかなり存在することである。筆者が関東地方のある県庁の若手土木職10名にインタビュー調査[9]を実施したところ、そのほとんどが「地元で働きたかったこと」を志望理由に挙げ、中には「地元で働けるのであれば、土木職でなく事務職でも良かった」と考えていた者も見受けられた。ただし、同じ地元自治体でも市町村より県の方が「いろいろな事業に携わることができる」「事業規模が大きい」といった理由で人気のようである。

これまでの自治体土木職の募集広報は、業務内容の素晴らしさ、面白さ、意義深さをアピールするものが多かった。それが全く功を奏していない訳ではないが、最終的に自治体を選んだ人たちが「業務内容」よりも「勤務地域（地元であること）」を重視しているとすれば、地元の良さ、地元で働くことの意義などをアピールする方が有効である。

また、地元出身者をリクルートするのであれば、大学進学で地元を離れてしまう前の方が地元の魅力を効率的に伝えやすい。実のところ、就活生（土木系以外の就活生も含む）を対象とする公務員のイメージ調査[10]において、「いつ頃から公務員として働くことを考えるようになったか」を尋ねたところ、2位の倍近くの大差で1位となったのは「高校生」であり、以下僅差で2位「大学2年生」、3位「中学生以前」、4位「大学1年生」の順であった。つまり、就職活動が本格化する大学3年生を対象にしても時すでに遅く、地元自

---

9) 2022年7月29日に関東某県庁の24〜33歳の若手土木職10名にオンラインで半構造化インタビューを実施。10名の属性は、男性8：女性2、新卒8：経験者採用2、学部卒7：院卒3、地元大学卒5：首都圏大学卒5。
10) マイナビ「2024年卒大学生公務員イメージ調査」（2023年2月）。大学3年生及び大学院1年生1,790名が対象。

治体に就職してくれることを狙うのであれば、キャリア教育の一環として学校サイドの協力を得るなどして、中学生や高校生のうちに自治体の土木職職員の魅力をアピールしておくべきであろう（大谷2023b）。

3 中途採用による補完等

　土木職の採用確保に向けて各自治体はさまざまな取組みを進めているが、それでも採用定員を確保できない自治体が少なくない。そのような自治体の多くは、中途採用（経験者採用）に活路を見出している。土木職に限らず全職種の数字であるが、2022年度は市区町村1,722団体[11]のうち935団体が中途採用試験を実施し、約9千人が採用された。近年増加傾向にあるとはいえ、同年の新卒合格者が約8万5千人であるのに比べるとまだ少ないが[12]、神戸市が一般行政職の新卒と社会人経験者の採用人数を半々にすると表明したり、釧路市や那須塩原市が育児や介護等のため退職した職員を再度採用する制度を創設したりするなど、中途採用に注力する自治体は着実に増えてきている（大谷2023b）。

　首都圏近郊の自治体においては、土木職の半数以上が中途採用者であることも珍しくない。中途採用に応募する者の志望動機は、「公のために働きたくなった」「ワーク・ライフ・バランスを重視したい」「家庭の事情でUターン就職の必要がある」などさまざまであるが、中には民間企業より楽に働きたいという、モチベーションが低い者も混じっているので、採用時には注意が必要である。

　中途採用でも採用者数を十分に確保できない場合、本来は土木職を充てるべきポストにやむなく事務職を充てることも行われている[13]。例えば、計画や

---

[11] 1,721市町村＋特別区人事委員会1
[12] 総務省「令和4年度地方公共団体の勤務条件等に関する調査結果」
[13] 例えば、日本都市センターアンケート2019においても「技術系職員の採用のない年は事務系職員に技術系職員の業務を代替させることがある」との回答がある（日本都市センター研究室

規制事務等の担当であれば、事務職による代替が比較的容易であろう。

4　他自治体との連携による土木職の確保

　政府の第33次地方制度調査会の答申（「ポストコロナの経済社会に対応する地方制度のあり方に関する答申」（令和5年12月21日）」）では、「とりわけ規模の小さな市町村を中心として、専門人材の配置が困難な状況が生じて」おり、「市町村がそれぞれ単独で専門人材を確保・育成する取組には限界がある」と指摘している。その上で、「地方公共団体においては、必要な専門人材を自ら確保・育成する努力に加えて、他の地方公共団体と連携して確保・育成に取り組む視点も一層重要になる。こうした観点からは、都道府県や規模の大きな都市には、専門人材の確保・育成について課題に直面している市町村と認識を共有し、連携して確保・育成に取り組んでいくことがこれまで以上に期待される」と記している。

　この答申を受け、2023年12月、総務省は自治体の人材確保・育成や環境整備を戦略的に進めるための新たな指針として、「人材育成・確保基本方針策定指針」を策定した。この中には、専門人材の共同活用も謳われている。自治体単独での確保が難しくなっている以上、広域での確保策を検討することが有効であり、都道府県が確保した人材を市区町村職員として派遣することや、都道府県の主導による共同採用方式の活用等についても検討することとされた。併せて、市区町村自身も近隣自治体と共同で必要な専門人材や知見の確保に取り組むことも検討すべきとされた。

　ここで提案された「都道府県の主導による共同採用方式の活用」については、奈良県と県内市町村が共同で土木職の採用試験を実施している例が有名である。小規模自治体が単独で採用試験を実施しても受験者を増やすことが

2020）。また、技術系職員を採用できていない自治体の担当者が、事務職員が技術系の業務に対応せざるを得ない旨をコメントしている報道もある（2024年1月10日付け日本経済新聞電子版「老いるインフラ、地方で放置深刻　橋の6割未着手」）。

難しく、また、手間も経費もかかることから、共同で採用試験を実施することには一定の効果が認められる（大谷2020a）。

5　土木職育成の現状と課題

(1)　土木職として必要な能力の伸長

2022年に土木学会関西支部が同支部地域内7府県4政令市の採用10年以内の土木職職員を対象にアンケート調査（以下、「土木学会関西支部アンケート調査」という）[14]を実施し、自治体土木職の技術力に対する認識についても尋ねたところ、技術力が「大いにある」「ある」と回答した人は9％、「低い」「やや低い」と回答した人はその7倍の63％と、技術力に不安を持つ職員が非常に多いことが明らかになった（土木学会関西支部2022）。

近年、受験のハードルを下げるために専門試験を廃止する自治体が増えてきているが、この数字にはその影響が出ている可能性もある。採用試験の段階で十分な専門知識を問わないのであれば、職務に必要な専門知識を採用後に習得できるような人材育成の仕組みが必要である。これに限らず、採用の見直しを行えば育成をはじめ他の人事施策にも影響が及ぶため、留意が必要である[15]。

日本都市センターアンケート2019によれば、技術担当部局が技術の習得に重要と考えているのは、「現場での経験」と「先輩職員による知識・経験の伝達」であるのに対し、実際には「国や都道府県の研修機関での研修」が多く行われていた。これは現場と人事・研修担当課との認識の乖離と見ることもできる。ここでも意識のすり合わせが重要になろう。

また、「国や都道府県の研修機関での研修」は職員にとって魅力的な育成手法なのかも疑問が残るところである。近年の若年層はキャリア意識が高く、

---

14)　土木学会関西支部「採用後10年以内の自治体技術職員（土木職）アンケート調査」（2022年12月）。回答者数1,144名
15)　人事施策をトータルに考える必要性については、稲継・大谷（2021）を参照されたい。

自分の能力を伸ばすことのできる職場に魅力を感じる傾向がある。逆に自身の能力伸長が見込めない職場と思えば、公務員といえどもすぐに離職・転職してしまうので、職員が能力伸長を実感できる育成施策を講じることが求められる。

前出の土木学会関西支部アンケート調査では、61％が資格取得に興味があると回答している。命じられた研修を受講するよりも、「自ら学びたい」という自発的意思による学習の方がより効果的であるため、本人に意欲があるのであれば、その後押しをするのが望ましい。また、学習効果のみならず、準備の手間や費用負担の面でも、自治体が研修を企画・実施するより自己啓発支援の方が効率的である。経費助成、自己啓発等休業、修学部分休業など予算や制度面での裏づけが必要なものだけでなく、会議室の使用に係る便宜、職場の雰囲気の醸成なども十分支援になる（大谷2023b）。

(2) 流域治水担当者として必要な能力の伸長

流域治水の担当者には、土木職としての基礎的な技術力に加え、担当業務が下水道や防災・危機管理をはじめ多くの分野に関係することから、それらに関する幅広い知識が必要になる。また、庁内関係課はもちろんのこと、国、都道府県、流域市町村、さらには流域の住民とも連携を図る必要があり、コミュニケーション能力や調整能力が高いレベルで求められる。つまり、従来の土木職よりも幅広い能力が求められるのである。

このような幅広い能力を自治体側が用意する研修だけで身につけるのはなかなか難しい。今後は、他の職員、時には所属自治体外の人々と交流しながら学んでいくことも必要でなるであろう。

交流の1つの形態として「人事交流」が考えられる。近年、自治体から国、他自治体、さらには民間企業への派遣も少なからず行われるようになっている。他の団体の考え方や業務の進め方を知ることも幅広い知識の涵養には有

用である[16]。

　また、近年、各地で職員グループによる自主的な学び、いわゆる「自主研活動[17]」が盛んに行われており、中には複数の自治体を跨がるグループや、自治体外まで参加範囲を広げているグループも存在する。このような自主研修・研究グループが身近にあるのであれば、それに参加して幅広い知識や多様な主体とのコミュニケーション・調整能力の伸長を図るのもひとつの手段と考えられる。自発的意思による学習でもあることから、前述のとおり、自治体が主体的に進める人材育成策よりも効果・効率的であろう（大谷2023c）。

　日本都市センターアンケート2023によれば、国、自治体、民間事業者との「情報共有」に意義・有用性があるとの回答が多数（平均して6～8割程度）を占めていた。連携にはさまざまな形態があり得るが、多様な主体との意見・情報交換の機会としては、流域治水協議会をはじめとする各種協議会等もある程度活用できそうである。

第4節　流域治水の推進に向けて期待される対応

　本章では、流域治水の推進にあたり、①どのような組織体制が望まれるのか、②そのような組織に配置すべき人材をどのようにして確保すべきなのか、といった2つの論点を中心に、流域治水に係る自治体（主に自治体）の組織体制と人材の確保・育成の現状と課題を明らかにした上で、今後取るべき方策を検討した。

16）　日本都市センターアンケート2023においても、国や他自治体との人事交流には意義・有用性があるとの回答が一定数（1～3割程度）を占めていた。
17）　自主研修活動または自主研究活動の略。

第4章　流域治水に対応する組織・人員体制のあり方

　第一に、流域治水担当部署の組織体制について、日本都市センターアンケート2023及び事例調査の結果に基づきその現状と課題を分析した。その結果、本来であれば河川管理担当部門にとどまらない全庁横断的な組織体制が求められるが、多くの自治体では人員不足によりそのような比較的大きな組織体制の構築は極めて困難な状況にあるだけでなく、必要な土木職を十分に配置することも難しい自治体があることも明らかになった。そういった中でも、少ない人的リソースを最大限に活かし、土木職の業務の見直しを図りつつ既存組織の強化を図ったり、兼務職員の配置により複数部署間の連携を図ったり、部局を越えて所掌事務を統合したりすることも可能であることが、先進事例からうかがえた。

　第二に、前述の人員不足の中でも特に土木職の不足について、筆者独自の調査結果などから現状とその原因を分析した。民間との人材獲得競争において条件面で劣る自治体が良質な人材を十分に確保することは困難なミッションではあるが、多くの自治体がさまざまな工夫を凝らしてどうにか人材を確保しようとしていることがうかがえた。また、不足する土木職を事務職で代替するなどの対応でしのいでいる現状も明らかになった。さらに、第33次地方制度調査会の答申でも言及された「他の自治体との連携による専門人材の確保・育成」、特に都道府県や大都市との連携が今後は重要になることも指摘した。その上で、少ない土木職を流域治水担当としてどのように育成すべきかを検討し、国、自治体、民間企業などとの意見・情報交換や人事交流の有用性、自主的な学びを支援することの重要性についても言及した。

　前節でも述べたとおり、流域治水の担当者には従来の土木職よりも幅広い知識と高いコミュニケーション力などが求められる。現在の自治体の土木職の業務といえば発注業務や維持管理業務が中心であり、それが志望者低迷の一因とも言われているが、流域治水に関する業務はそれとは大きく異なるものであり、低迷する土木職の魅力回復にも大きく貢献する可能性を秘めている。

　流域治水の考え方は、徐々に自治体に認知され始めたところである。ここ

第4節　流域治水の推進に向けて期待される対応

数年、国土交通省がその拡大に力を入れており、予算への反映はもちろん、全国の取組み事例を紹介するウェブサイト「全国流域治水マップ」の開設[18]、「流域治水施策集」や「流域治水優良事例集」の作成[19]、さらには、ロゴマークの決定などの取組みを次々と打ち出している[20]。自治体の取組みは、今のところ一部の先進自治体にとどまっているが、今後はその重要性の認識がさらに進み、担当組織が設置され、土木職を中心により多くの専門人材が配置されること、そしてそのような専門人材の育成に向けた関係主体との連携強化が期待される。

引用・参考文献

- 稲継裕昭・大谷基道（2021）『職員減少時代の自治体人事戦略』ぎょうせい
- 大谷基道（2019a）「ポスト分権改革時代における自治体の職員採用」大谷基道・河合晃一編『現代日本の公務員人事―政治・行政改革は人事システムをどう変えたか』第一法規
- 大谷基道（2019b）「地方自治体における職員採用試験の見直しとその効果―都道府県・市区町村アンケート調査の結果から」『獨協法学』108号
- 大谷基道（2020a）「土木・建築職の採用と育成」日本都市センター編『都市自治体における専門人材の確保・育成―土木・建築、都市計画、情報』日本都市センター
- 大谷基道（2020b）「技術職・専門職の採用難をどう打開するか」『都市問題』111巻12号
- 大谷基道（2023a）「地方自治体における採用活動の現状と課題―採用試験の見直しを中心に」『日本労働研究雑誌』759号

---

18)　https://www.mlit.go.jp/river/kawanavi/pf/index.html（2024年4月8日閲覧）
19)　https://www.mlit.go.jp/river/pamphlet_jirei/kasen/gaiyou/panf/sesaku/index.html（2024年4月8日閲覧）
20)　時事通信社iJAMP2023年6月26日付け「流域治水の取り組み紹介サイト新設＝情報共有で好事例を普及―国交省」、2024年3月18日付け「『流域治水』ロゴマーク決定＝パンフ、SNSで周知を―国交省」など。

- 大谷基道（2023b）「自治体の技術系専門職の採用・育成の現状と課題―土木職・建築職を中心に―」『採用試験情報』1号
- 大谷基道（2023c）「他の人事諸施策と連動した人材育成策の展開―人材マネジメント、トータル人事の中の人材育成」『地方公務員月報』725号
- 規矩大義（2020）「土木・建築の人材の確保と育成（送り出し側・受け入れ側の視点）」日本都市センター編『都市自治体における専門人材の確保・育成―土木・建築、都市計画、情報』日本都市センター
- 国土交通省（2021）「『特定都市河川浸水被害対策法等の一部を改正する法律案』（流域治水関連法案）を閣議決定」（令和3年2月2日付プレスリリース資料）
- 土木学会関西支部（2022）『採用後10年以内の自治体技術職員（土木職）アンケート調査報告書』
- 土木学会建設マネジメント委員会技術公務員の役割と責務研究小委員会編（2010）『技術公務員の役割と責務―今問われる自治体土木職員の市場価値』土木学会
- 日本都市センター（2023）「気候変動に対応した防災・減災まちづくりに関する研究会アンケート調査資料編」https://www.toshi.or.jp/publication/19458/（2024年7月30日閲覧）
- 日本都市センター研究室（2020）「都市自治体の土木・建築の技術系専門職の人材不足に関するアンケート集計結果」日本都市センター編『都市自治体における専門人材の確保・育成―土木・建築、都市計画、情報』日本都市センター
- 橋本隆（2022）『自治体の都市計画担当になったら読む本』学陽書房

（大谷　基道）

第5章

流域治水条例の傾向と総合性・合理性

第5章　流域治水条例の傾向と総合性・合理性

第1節

流域治水の意味と条例検討の視点

　気候変動の影響による降雨量の増加等に対応するため、流域全体を俯瞰し、あらゆる関係者が協働して取り組む「流域治水」の実現を図る「特定都市河川浸水被害対策法等の一部を改正する法律」（「流域治水関連法」）が2021年5月10日に公布され、同年に施行された[1]。この立法の背景には後に見るような自治体における条例等による流域への対策がある。このような地域での流域治水への着目や立法の動きは、日本の治水における大きな転換を表している（本書第1章）[2]。この転換の背景となる日本における水害対策の変遷や、気候変動の影響による水災害の激甚化・頻発化の現状及び流域治水の原理については、別の章（第1章・第2章）に譲ることとし、ここではまず、自治体における「流域治水」への転換の意味を考えてみる。

　日本における治水の転換のひとつの要点は、治水の対象を「流域」とした点である。つまり、治水の河川区域外の氾濫域[3]への拡大である。2000年12月19日の河川審議会計画部会中間答申「流域での対応を含む効果的な治水のあり方」（河川審議会2000）において、洪水の氾濫域における方策として「土地利用に関する計画・規制措置に反映することが必要である」とされ、河川区域以外を対象に新たな制度について検討を進めるべきであるとの提言がなされた。その後、2003年に流域単位での水害対策について「特定都市河川浸

---

1) 　国土交通省「流域治水関連法」https://www.mlit.go.jp/river/kasen/ryuiki_hoan/index.html（2024年5月31日閲覧）
2) 　その他、三好（2022：1-30）などを参照。
3) 　河川等の管理者が管理する区域のみならず、雨水が河川に流入する集水域、河川等の氾濫により浸水が想定される氾濫域への拡大（社会資本整備審議会2020：25）。

水被害対策法」が制定される。同法では、「通常の河川改修のみでは浸水被害の防止を図ることが市街化の進展により困難となってきていることを踏まえ、当該流域における浸水被害の防止のための対策の推進を図る」（国土技術研究センター2023）ことが目指された。具体的には、「特定都市河川」及び「特定都市河川流域」（3条1項・3項）の指定、河川管理者、都道府県、市町村及び下水道管理者による「流域治水水害対策計画」（第4条1項）が位置付けられ、流水水害対策協議会（第6条・第7条）、これらに基づく措置として雨水貯留浸透施設の整備（第8条）が定められている。また、特定都市河川流域における規制として、「雨水浸透阻害行為の許可」（第30条）、「浸水被害防止区域等の指定等」（第56条）が定められ、この区域内において特定開発行為が制限された（第57条）。このように、同法では「流域」の範囲が明示され、この範囲について河川管理者と自治体が共同で、計画的な施設の整備と土地利用制限を行うものとなっている。

　一方、2014年に制定された「水循環基本法」では、基本理念として、「流域に係る水循環について、流域として総合的かつ一体的に管理」すること（3条4項）、その施策として国と自治体は、「流域における水の貯留・涵養機能の維持及び向上を図るため、雨水浸透能力又は水源涵養能力を有する森林、河川、農地、都市施設等の整備その他必要な施策を講ずる」こと（14条）を定めている。これは、市町村の境界を越え、源流の森林から河口に至るまでの河川流域をひとつながりとして、統合的な管理体制を構築しなければならないことを示している（三好2022：2）。言い換えれば、物理的に河川は管轄[4]により切り分けることができないため、国・都道府県・市町村の間、また自治体間相互の空間的管轄の総合性に配慮した施策が求められる。

4）　ここでの「管轄」とは、「権限により一定範囲を支配する、その権限が及ぶ範囲」である。この管轄には「空間的管轄」「機能的管轄」があり、内海（2024a：ⅲ）では、「空間的管轄」を公共的観点から社会の問題解決を行う公共団体等が、その権限により一定の空間範囲を支配するときの、その権限が及ぶ空間的な範囲、「機能的管轄」を、公共団体等の各部局が、その権限により支配する政策分野の範囲と定義している。都市計画の総合性については、内海（2024b：32）を参照。

そして、2021年「流域治水関連法」が制定され、この法律に基づき特定都市河川浸水被害対策法をはじめとする9つの法律[5]が改正された。気候変動により水災害が激甚化・頻発化する「水害多発時代の到来」（第1章）により、河道等の整備による浸水被害の防止が困難となる状況が生じていること等を踏まえ、同法の制定前には考慮されていなかった「接続する河川の状況」「河川の周辺の地形等の自然的条件の特殊性」を要因として、浸水被害の防止が困難な河川を「特定都市河川」及び「特定都市河川流域」の指定の対象に加えることとされたのである。具体的には、流域水害対策計画に定める、「浸水被害防止区域」（特定都市河川浸水被害対策法56条）[6]である。つまり、従前の指定要件が大幅に見直されたことにより、治水の対象が全国の河川に拡大され、全国で流域と一体となった浸水被害対策の推進が図られることとなった（国土技術研究センター2023：4）。①氾濫をできるだけ防ぐ・減らす対策、②被害対象を減少させるための対策、③被害の軽減、早期復旧・復興のための対策である（社会資本整備審議会2020）。

以上のような治水の氾濫域を含めた「流域」への拡大は、流域を整備及び管理する中心的な主体を国・都道府県から、市町村、事業者、住民へと拡大させ、流域治水関連法の制定に伴う9つの法律の改正に見られるように、河川のみならず、都市計画、緑地、建築など、治水に関係する分野と機関を拡大させることになった。分野の拡大は、公共団体等の各部局が担う政策分野の範囲である機能的管轄を総合的に調整する必要性をもたらす。

実際、これらの領域（エリア）、主体、分野の拡大により、治水において国、都道府県、市町村が役割分担の下で、権限と責務を担うとともに、総合

---

5) 特定都市河川浸水被害対策法、河川法、下水道法、水防法、土砂災害警戒区域等における土砂災害防止対策の推進に関する法律、都市計画法、防災のための集団移転促進事業に係る国の財政上の特別措置等に関する法律、都市緑地法、建築基準法
6) 流域水害対策計画に定められた都市浸水想定を踏まえ、特定都市河川流域のうち、洪水又は雨水出水が発生した場合には建築物が損壊し、又は浸水し、住民その他の者の生命又は身体に著しい危害が生ずるおそれがあると認められる土地の区域で、一定の開発行為及び一定の建築物の建築又は用途の変更の制限をすべき土地の区域。

第1節　流域治水の意味と条例検討の視点

的調整を図りながら、対策を実施することが求められるようになった（社会資本整備審議会2020）。さらに、これまでのダム等による洪水調整と堤防等の施設整備や、計画高水位以下の洪水を安全に速やかに流す治水対策に加え、土地のリスクを想定して個別の権利利益に制限を加える土地利用規制や建築規制、これを実現するための地域の合意形成やコミュニティの醸成なども「流域治水」の重要な手法であると考えられている（第2章・第3章）。

　以上のように、治水の「流域」への拡大は、自治体における管轄の拡大と手法の多様化をもたらし、それによって自治体には治水における総合的行政が一層求められることとなった。また、流域治水の正当性を担保するための科学的根拠の提示（科学的合理性）と、住民の理解に基づく施策の実現（社会的合理性）も必要とされている（内海2010：347-353）[7]。つまり、自治体における流域治水への転換とは、現在自治体に求められている「総合的かつ合理的な行政」の推進を意味している。

　こうした流域治水への対応が求められるなかで、本章では、自治体が流域治水の権限と責務を行使するためのツールである「条例」を総合性と合理性という観点から検討する。具体的には、流域治水関連法にかかわる都市計画・土地利用の変更点を確認した上で、第一に、都道府県の流域治水条例の内容を手法別に整理し、総合的かつ合理的な取組みを牽引する先駆的な事例を紹介する。第二に、新たに流域治水の管轄が拡大した市町村の意向をアンケート調査結果を用いて確認した上で、市町村の流域治水条例を類型化し、その傾向が顕著な事例を総合性・合理性という観点から考察する。最後に、こうした考察から、流域治水への転換における都道府県と市町村の役割分担と、流域治水の総合的・合理的方策を提示する。

7）内海（2010：348）では、合理性には、技術や専門的知識による「科学的合理性」と社会的な合意を得るための民主的手続による「社会的合理性」があり、それが、相互に関係しあいともに充実が図られているとしている。

第 2 節 流域治水関連法にかかわる都市計画・土地利用の変更

　流域治水関連法では、対策の実効性を高めるための制度が強化された。具体的には、流域治水の計画内容や対象を拡大し、協議会などの流域水害対策にかかわる体制の強化が図られている（第3章）。特に、建築行為を含む都市計画や土地利用にかかわる主な部分は、第6章・第7章で詳しく検討されているが、概観すると次のようなものがある[8]。

- 沿川の保水・遊水機能を有する土地を確保する制度の創設（特定都市河川浸水被害対策法）
- 雨水の貯留浸透機能を有する都市部の緑地の保全（都市緑地法）
- 認定制度や補助等による自治体・民間の雨水貯留浸透施設の整備支援（特定都市河川浸水被害対策法、下水道法、都市計画法）
- 浸水被害防止区域の創設による住宅や要配慮者施設等の安全性の事前確認（特定都市河川浸水被害対策法）
- 地区単位の浸水対策の推進（都市計画法）
- 災害時の避難先となる拠点の整備推進（都市計画法）

　ここで重要なのが、特定都市河川浸水被害対策法に基づく浸水被害防止区域内での開発や建築行為が他の法令や条例による規制の対象となる場合があることである。そのひとつが都市計画法の開発許可である（第6章・第7章参照）。法に基づく特定開発行為が都市計画法の開発許可を要する開発行為の場

---

[8]　前掲注1）の内容を要約したものである。

合、同法33条1項8号により、浸水被害防止区域における自己居住用の住宅以外の開発行為は原則許可されない。

また、地区計画に定める地区施設の類型に「街区における防災上必要な機能を確保するための（中略）雨水貯留浸透施設」（同法12条の5第2項1号ロ）が法改正によって追加された。開発許可では、開発行為の設計が地区計画に定められた内容に即しているか否かも審査される（同法33条1項5号）。したがって、市町村が定める地区計画に雨水貯留浸透施設に関する規定を盛り込むことで、開発行為に際して雨水流出抑制策の実施を義務付けることができる（釖持2022）。

さらに、浸水被害防止区域は、都市再生特別措置法81条2項の規定に基づく立地適正化計画に定める居住誘導区域に含めないこととされていることに留意する必要がある。そして、浸水被害防止区域は、立地適正化計画に定める防災指針等に位置づけられる防災まちづくりの方向性にも関係する。このため、流域水害対策協議会等の場を活用し、都市計画やまちづくりに関する計画等との整合・連携を図りつつ、関係部局が緊密に連携し、地域の防災まちづくり及び浸水被害対策を推進することが重要となる。

以上のように、流域治水関連法によって、少なくとも、都市計画・土地利用においては、開発許可権者である都道府県と一部の市[9]、そして、地区計画や立地適正化計画の権限を有する市町村の流域治水に関する役割が拡大した。

---

[9] 都道府県知事、政令指定都市の長、中核市の長、特例市の長（都市計画法29条）及び地方自治法252条の17の2の規定に基づく事務処理市町村の長。なお、2024（平成6）年段階で602団体。国土交通省 https://www.mlit.go.jp/toshi/city_plan/toshi_city_plan_fr_000046.html（2024年5月31日閲覧）。

第3節
都道府県における流域治水条例とその取組み

1　都道府県の流域治水条例の傾向

　流域治水の観点から行為規制を行う都道府県条例には、**図表5-1**のようなものがある。また、各条例の規定内容を整理したものが**図表5-2**である。これらの条例は、概ね、次に述べるような流域治水に関するA.～I.の手法を定めている。

図表5-1　都道府県の流域治水条例

制定都市	条例名	施行年
埼玉県	埼玉県雨水流出抑制施設の設置等に関する条例	2006
兵庫県	総合治水条例	2012
滋賀県	滋賀県流域治水の推進に関する条例	2014
京都府	災害からの安全な京都づくり条例	2016
徳島県	徳島県治水及び利水等流域における水管理条例	2017
奈良県	大和川流域における総合治水の推進に関する条例	2018

出典：自治体のホームページ（2024年現在）より筆者作成。

図表5-2　都道府県の流域治水条例の規定内容

制定都道府県	施行年	A.総則 理念・主体の責務等	B.計画等 方針・基本計画等の策定	C.施設整備・管理 河道、堤防、河床等の整備	C.流出抑制施設の整備・管理	C.水防、内水管理体制の強化	D.環境等保全 森林、農地の保全・緑化	E.行為規制 区域の指定	E.市街化区域への編入抑制	E.開発行為等の周知・届出	E.建築等の許可・認定	F.協議会等 国関係機関との協議、要請	F.協議会の設置	F.市町村との支援連携	F.河川管理者、土地利用との調整	G.支援・教育 市民等への支援	G.流域治水教育の推進	H.情報基盤整備 情報基盤の整備・調査研究	I.避難対策等 避難経路・体制
埼玉県	2006				●※1					●※6									
兵庫県	2012	●	●	●	●※2	●※4	●	●					●			●	●	●	●
滋賀県	2014	●	▲※11	●	●	●	●			●	●※7	●※9	●	●	●	●	●	●	●
京都府	2016				●					●									
奈良県	2018		▲※11		●※3	●※5	●		●※13					●※10					
徳島県	2017	●	▲※12								●※8								

注：各条例内容より筆者作成。※については本文参照。網掛け条例（滋賀県）については、第3節3参照。

A.では、当該条例の理念や目的、府県及び住民、事業者等の責務が定められている。B.は、知事が総合的な治水対策を計画的に推進するため、治水対策に関する方針や基本的な計画を位置づける規定である。なお、都市計画基本方針（**図表5-2** ▲※11）や後述のC. D.の手法を実現させるための整備計画（同▲※12）と連動させているケースもある。C.は、府県による河道、堤防、河床等の整備を義務付け、地下に浸透しないで流出する雨水を抑制するための雨水流出抑制施設や利水に関する施設の設置や管理、及び管理体制を整備し、あるいは、事業者に整備や管理を義務付ける規定（**図表5-2** ※1〜5）である。D.は、雨水の地下への浸透について高い機能を有する森林、農地、緑地等の保全を知事、住民、事業者に義務付ける規定である。E.は、土地利用（開発行為及び建築行為（以下「開発行為等」））の行為規制の手続を定めるものであり、①行為者に対して行為の周知や届出を義務付ける手続（**図表5-2**※6）、②行為の許可や認定に関する手続（**図表5-2** ※7・8）を定めている。そして、これらの義務に従わない事業者に対して命令、罰金などの履行担保措置を定めている。H.は、C.〜E.の手法を実施するための根拠となる情報基盤の整備あるいは調査、公表に関する行為を規定するものである。

F.は、専門家及び関係各課との審議及び協議、調整の場として協議会等が

位置づけられている。また、国、市町村との協力や連携（**図表5-2**※9・10）、河川管理者や土地利用部門との連携を規定するものがある。G.は、住民等の活動の支援や流域治水教育に取り組む規定である。そして、I.は、浸水時における避難に関して、避難勧告や避難先の情報提供などについて規定している。

これらの規定は、①氾濫をできるだけ防ぐ・減らす対策、②被害対象を減少させるための対策、③被害の軽減、早期復旧・復興という、後に流域治水関連法で定められることになる内容を地域の実情や要請に応じて、法律に先立ち独自に定めている府県がほとんどである。とりわけ、これまでの①（C.・D.）を中心とした施設整備のみならず、流域における②（E.）土地利用の行為制限が定められている点に管轄の拡大と手法の多様化、そして、それらの総合的対応を見て取ることができる。以下では、特に、府県の権限と責任が表れる手法である行為規制（E.（C.・D.の行為規制を伴うものを含む））を中心にその内容を見てみたい。

2　都道府県条例における行為規制の内容

埼玉県条例（2006年）は、開発区域の面積が1 ha以上の開発行為で、雨水流出抑制施設を設置しないと雨水流出量を増加させるおそれのある行為を「雨水流出増加行為」として、知事の許可を義務付けている（3条）（**図表5-2**※1）。また、知事が指定する「湛水想定区域」内の土地において盛土をしようとする者と、雨水流出抑制施設の機能を阻害するおそれのある行為者に対して届出義務（12条等）（同※6）を課している。

兵庫県条例（2012年）は、開発行為者に調整池の設置を義務付け、知事は、調整池を設置しない開発者に対して重要調整池の設置を命ずることができ（12条）、この命令に違反した者に、懲役又は罰金を課している（58条）（同※2）。

滋賀県条例（2014年）は、10年に1度の確率の降雨で想定浸水深が0.5m以上である土地の区域を新たに市街化区域に含めないものとした上で（24条）、

200年に1回の割合で発生する降雨で県民の生命又は身体に著しい被害を生ずるおそれがあると認められる区域を「浸水警戒区域」(建築基準法39条の災害危険区域)に指定して(13条)、建築物の制限を規定している(14条・15条)。一方、宅建業者に想定浸水深等に関する情報提供の努力義務を課している(29条)(詳細は第2章参照)。

京都府条例(2016年)は、1ha以上の開発行為者に対して、届出を義務付け、重要開発調整池の設置と管理を義務付けている。そして、これらの規定を遵守しない場合、知事は、必要な措置を講じることを命令することができる規定を定めている(22条)。

奈良県条例(2018年)は、大和川流域における採石や宅地造成、開発許可を受ける行為などを「特定開発行為」に指定し、知事への届出義務と防災調整池等の設置義務を課し(9条・15条)、違反者に対する命令と罰則(10条・25条)を定めている。また、10年確率の降雨で0.5m以上浸水するおそれのある区域を「市街化編入抑制区域」(**図表5-2** ※13)として指定・公表することとしている(20条1項・2項)。

徳島県条例(2017年)は、「河川等出水警戒区域」(指定された「浸水警戒区域」)内における住宅、共同住宅、児童福祉施設や旅館、病院等の建築の際、当該敷地の地盤高、主要構造部について知事の認定を受けることを義務付けている(23条1項・24条)(**図表5-2** ※8)。

以上の規定は、「義務を課し、権利を制限する」規定であり、法令に特別の定めがある場合を除くほか、条例によらなければならない(地方自治法14条2項)。そして、これらの規定を運用するためには、自治体によってその根拠が説明される必要がある。つまり、当該規定を条例に定め、運用するためにはその合理性が求められるということになる。したがって、上記の条例では、H.情報基盤の整備・調査研究などについて定めており、実際、水害履歴調査や確率降水量のデータなどに基づく「ハザードマップ」や「地先の安全マップ」などが作成され、流域におけるリスクが情報提供されている。また、その一方で、こうした行為規制等が妥当なものであることの理解を得るために、

G.市民活動への支援や流域治水に関する教育や学習の機会を定める条例も少なくない。

以上の条例分析から、都道府県における流域治水条例に定める行為規制の規定と取組みは、「義務を課し、権利を制限する」ために合理的根拠を科学的かつ民主的に整えるものであるといえる。以下では、こうした行為規制の取組みのみならず、自治体の流域治水の取組みを牽引してきた滋賀県の流域治水条例を総合性・合理性の観点から紹介する。

3　総合的・合理的先駆的事例：「滋賀県流域治水の推進に関する条例」

「滋賀県流域治水の推進に関する条例」（2014年制定）は、上に記したように、流域治水[10]を対象に土地の利用や建築物への行為規制を独自の根拠に基づき定める条例である。そして、この条例及び滋賀県の流域治水に関する取組みは、治水の流域治水への転換を促し、その対応の具体的な目的と対策の体系を国及び自治体等に明確に指し示したものであり、すでに多くの文献で取り上げられている[11]。また、本書においても流域治水の原理、すなわち「"水と人が調和"するシステム（法則及びこれを探り実施する行動指針もしくは作法）」の構築を試みようとする自治体の取組みとして、当該条例を第2章で詳しく取り上げている。したがって、当該条例の制定背景や手法の内容は、第2章及び既往文献に譲ることとし、ここでは、総合性、合理性という観点からの考察にとどめたい。まず、総合性については、条例の骨格をなすのが、次の4つの対策の体系である。

---

10)　滋賀県では、「『滋賀の流域治水』とは、①どのような洪水にあっても、人命が失われることを避け（最優先）、②生活再建が困難となる被害を避けることを目的として、自助・共助・公助が一体となって、川の中の対策に加えて川の外の対策を、総合的に進めていく治水のこと」としている。滋賀県土木交通部流域政策局流域治水対策室『滋賀の流域治水』（2021（令和3）年1月）。
11)　例えば、瀧ほか（2010）、大原ほか（2018）、馬場ほか（2021）など。

第3節　都道府県における流域治水条例とその取組み

図表5-3　滋賀県条例における流域治水に対する4つの対策

■川の中の対策	「①ながす」対策⇒河道内で洪水を安全に流下させる対策（9条）：図表2C。
■川の外の対策	「②ためる」対策⇒流域貯留対策（10条）：図表2D。
	「③とどめる」対策⇒はん濫原減災対策（12～25条）：図表2E。
	「④そなえる」対策⇒地域防災力向上対策（26～34条）：図表2G. H。

出典：滋賀県土木交通部流域政策局流域治水政策室『滋賀の流域治水』（令和3年1月）をもとに筆者作成。

　これらは、従来の河川区域への対策をさらに強化するとともに、河川区域外への対策を追加することを意味している。これら4つの対策は、条例のなかで体系的に示され、滋賀県土木交通部流域政策局流域治水政策室（2006年設置）で総合的に運用されている。また、条例には、対策の立案・執行に際して総合的調整を可能とするために、関係市町との情報共有や調整の内容を表記するとともに県、関係行政機関及び地域住民が協議を行うための「水害に強い地域づくり協議会」を設置している（**図表5-2** F.）。

　次に、合理性については、4つの対策の根拠となる基礎情報を示した「地先の安全マップ」を策定している。科学的合理性という点においては、10年、100年、200年の降雨の実態から独自のリスク評価、すなわち、「想定浸水深（地先の安全度）」の設定を行い、「地先の安全マップ」を作成・公表し、4つの対策の根拠としている。とりわけ、地先の安全度に基づき「浸水警戒区域の指定」を行い、「③とどめる」対策である行為規制（建築物の建築の制限：14条・15条）を行っている点が流域治水への転換に対応する主要な手法である。そして、これらの根拠を作り上げ、その情報を公開していくためには、科学的な調査・研究は不可欠である。したがって、当該条例には、「流域治水に関する最新の知見の把握に努めるとともに、浸水に関する記録の収集その他流域治水に関する施策を効果的に実施するために必要な調査研究を推進し、

第5章　流域治水条例の傾向と総合性・合理性

その成果の普及に努めるものとする」という規定（30条）（**図表5-2** A.）が定められている。一方、社会的合理性については、「④そなえる」対策がとられており、流域治水教育の推進（31条）や流域治水に資する活動を行う県民への支援（34条）（**図表5-2** G.）などが規定されているが、「③とどめる」対策によって行為の規制が行われる県民の合意を形成するためにも「④そなえる」対策が位置づけられている（**図表5-4**）。つまり、「④そなえる」対策を実施することで、水害リスクに対する住民の理解を促し、「③とどめる」対策の要となる浸水警戒区域指定の社会的合理性を築く仕組みが想定されている。

図表5-4　「そなえる」対策と「とどめる」対策の合理的関係

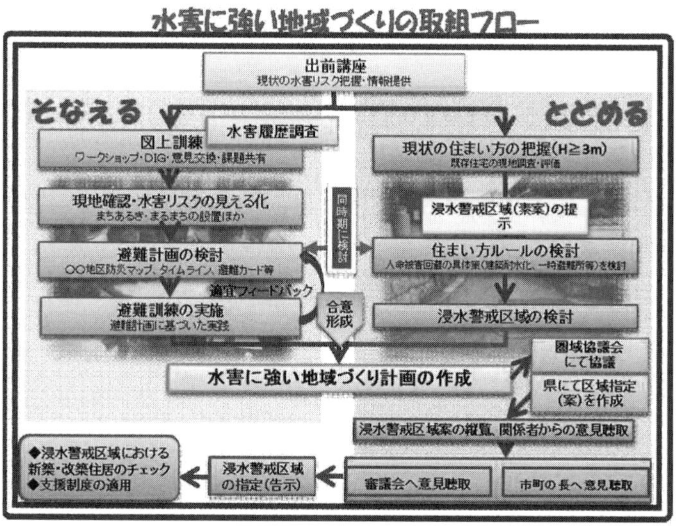

出典：滋賀県土木交通部流域政策局流域治水政策室『滋賀の流域治水』（令和3年1月）

第4節
市町村における流域治水に関連する意向と流域治水条例

1　市町村の流域治水に関する意向

　以上のような法制や都道府県の条例の制定、これらに基づく取組みが行われるなかで、基礎自治体である市町村はどのような意向を持っているのだろうか。「気候変動に対応した防災・減災のまちづくりに関する研究会」（日本都市センター2023）では、全国815市区（都市自治体）に向けて流域治水にかかわる土地利用に関するアンケートを実施した[12]。ここでは、条例制定の背景となりうる質問項目を中心に回答結果の考察を行う。

・市町村の水害に対する対応と認識

　「貴自治体における、近年の豪雨による災害の発生状況はどのようなものですか」（Q1）という問いに対して、自治体内において豪雨による土地の浸水に関連した被害が、「2000年以降に複数回発生した」と答える市区が回答自治体の76.8％（316）（以下（　）内は該当団体数）[13]を占めている。この結果は、水害への対応が必要な市区が少なくないことを表している。

　そして、これらの災害を契機とした対応について、「災害を受けたことにより、法律に基づく計画・制度等の策定・見直しを行いましたか」（Q2）という問いで、回答自治体414から無回答を除いた有効回答のなかで最も多かった

---

12) 日本都市センターアンケート2023　https://www.toshi.or.jp/publication/19458（2024年6月30日閲覧）。全国815市区（都市自治体）を対象、回答自治体444団体（回収率54.5％）。
13) 以下の問いに対するパーセンテージ及び該当自治体数は、各問いに対する回答数から無回答を除いた自治体数を母数とする。

のが、「特に行っていない」32.1%（59）であり、次いで、「河川・治水に関わる法律」21.7%（40）、「都市・市街地の土地利用に関わる法律」18.5%（34）であった。この結果から、市区は、水害に対して法律に基づく計画や制度の策定・見直しにあまり積極的に対応していないことがわかる。そして、積極的に対応する市区では、水害への対応が河川や治水だけでなく土地利用への対策が有効であると考えられていることがわかる。

また、「災害を受けたことにより、地域コミュニティとの連携における対応をしましたか」（Q4）という問いで、最も多いのが、「（市が主導して）既存の地域コミュニティ組織（自治会等）と防災まちづくりをテーマとして連携を強化した」33.0%（66）であり、この結果から、水害への対応に地域コミュニティの強化が市区の役割として重要であると認識されていることがわかる。

- 都市計画・土地利用に関係した各種計画・条例等の見直し

「立地適正化計画の制度が創設された2014年以降、都市計画・土地利用に関係した以下の各種計画・条例等の見直しを行った（もしくは検討している）ものはありますか」（Q15）という問いに対して、「流域治水関連法の枠組みによる土地利用規制・制度の導入・指定」とする市区は1.4%（6）と非常に少なく、Q2のように、水害への対応として土地利用は重要であるという認識がありながらも、計画や条例等を見直すまでの積極的な対応を図る市町村は少ないといえる。なお、この6つの市区のうち、3団体が近年の豪雨災害を契機としていることから、事例は少ないものの、近年の豪雨が自治体の施策に影響を与えている点を確認することができる。

- 科学的根拠に関する市町村の役割

「防災指針の検討にあたって、水害ハザードについて水防法に位置づけられた洪水ハザードマップに基づく対応に加えて、より詳細な評価（洪水予報河川・水位周知河川以外の中小河川の洪水分析、内水氾濫を考慮した浸水想定、降雨の強度別の浸水想定など）を参照していますか」（Q28）という問いに対しては、

58%（135）の都市自治体が「国（国土交通省の河川事務所）あるいは都道府県が評価・公表をしているものを参照している」としている。これは、市町村においては、防災の詳細なリスク等のデータの把握や評価については、限界があることを表している。つまり、市町村のみでデータ把握や評価ができない実態に、都道府県の役割を見い出すことができる。

• 地域コミュニティの強化に関する（民主的根拠等）市町村の役割

「防災・減災まちづくりの推進にあたって、地域コミュニティとの連携は、どのような観点から意義、必要性があるものと考えますか」（Q31）という問いに対して、「発災時の対応（避難等）における組織的活動の支援」78.2%（323）、「避難が困難な住民の把握、支援における情報の共有」72.5%（300）という避難対策に対する対応が重要視される一方で、「水害ハザード・リスクに関する情報の周知・共有」87.2%（361）や「防災・減災をテーマとした活動による、平時の地域コミュニティの活性化」42.8%（177）、「土地利用・建築の規制・誘導施策における理解の浸透」23.4%（97）も少なくない。以上の回答数から、地域コミュニティへの支援や対応は、災害対応における市区の主要な役割であると認識されていることがわかる。また、「ハザードが想定される居住誘導区域において、どのような対策を行っていますか」（Q21）という問いでは、「ハザードマップなど災害リスクに対する周知」91.8%（178）が回答団体のほとんどで行われており、市区による水害対策における情報提供の重要性が見て取れる。

• 地域コミュニティの強化を支える取組み

「河川沿いの地域において住民、コミュニティと連携したまちづくりの取組みが行われていますか」（Q32）という問いに対して、「河川の防災に関わる地域活動（避難、水防等）の支援」37.7%（156）、「防災、水循環、環境などに関する（主に子供を対象とした）教育、学習のプログラム」28.0%（116）、「住民が川、水に親しむことができる機能、空間の整備」27.8%（115）に取り組ん

でいる都市自治体が多い。これは、前述の地域コミュニティの強化を支えるものとして、河川と生活との関係やグリーンインフラなどへの理解や学びが必要であることが認識されつつあることを表している。

2　市町村の都市計画・土地利用関連条例の傾向と流域治水条例

　前項1の結果を見ると、水害への関心を高める事象は生じているが、市町村は法律に基づく施策展開には積極的でなく、積極的な市区は、特に、土地利用への対策が有効であると考えていることがわかる。その一方で、地域コミュニティの強化、情報提供は、水害対策における基礎自治体の役割として重要であると認識していることが見て取れる。

・都市計画・土地利用関連条例の制定、見直しと流域治水

　そこで、前項の日本都市センターアンケート2023では、市区が有効であると考えている土地利用について、「2014年以降に制定もしくは見直しを行なった条例」（Q15）を尋ねた。その結果が**図表5-5**である。これらの条例は、個別法律の法文で規定内容を条例に委ねる「委任条例」と、憲法94条及び地方自治法14条1項を根拠とする自治体が独自に定める「自主条例」に分けることができる。

　まず、アンケートで示された「委任条例」は、①都市計画法34条11号に基づき、市街化区域における立地規制の除外規定を定める条例、②建築基準法49条1項に基づき、都市計画法区域区分の廃止等に伴う特別用途区域の制限及び禁止を規定する条例、③建築基準法68条の2第1項に基づき地区計画区域内の建築物の用途、敷地及び構造に関する制限を定める条例である。これらは、流域治水に関する事項を規定するものではない。また、「自主条例」については、④流域治水に関係のないもの、⑤災害時の応急処置として施設等の設置を緩和する規定を定めるもので、これらも流域治水とは直接関係する

第4節　市町村における流域治水に関連する意向と流域治水条例

ものではない。その一方で、⑥流域治水に関連する自主条例が4条例制定されている。富山市、岡山市、三次市、伊豆市の条例である。

図表5-5　2014年以降制定された都市計画・土地利用に関する条例

法的位置づけ 関連規定		所在地		条例名	制定年
委任条例	①都市計画法 34条11号	福島県	福島市	都市計画法に基づく開発許可の基準等に関する条例	2003年
		山梨県	甲斐市	甲斐市都市計画法第34条第11号の規定に基づく開発行為の許可基準に関する条例	2014年
	②建築基準法 49条1項	秋田県	秋田市	秋田市特別用途地区内における建築物の制限に関する条例	2008年
		京都府	綾部市	綾部市特定用途制限地域内における建築物等の用途の制限に関する条例	2016年
		山口県	岩国市	岩国市特定用途制限地域内における建築物の制限に関する条例	2020年
	③建築基準法 68条の2 第1項	秋田県	秋田市	秋田市地区計画の区域内における建築物の制限に関する条例	1998年
		東京都	台東区	東京都台東区地区計画の区域内における建築物の制限に関する条例	2011年
		宮崎県	日南市	日南市地区計画の区域内における建築物の制限に関する条例	2017年
		群馬県	渋川市	渋川駅西側地区地区計画の区域内における建築物の制限に関する条例	2021年
		群馬県	渋川市	八木原駅周辺地区地区計画の区域内における建築物の制限に関する条例	2021年
自主条例	④直接的な 関連規定無	兵庫県	西宮市	西宮市まちなみまちづくり基本条例	2018年
		宮城県	仙台市	太陽光発電事業の健全かつ適正な導入、運用等の促進に関する条例	2023年
	⑤災害時の 応急措置 規定	福井県	敦賀市	敦賀市土地利用調整条例	2005年
		京都府	綾部市	綾部市まちづくり条例	2016年
		三重県	伊賀市	伊賀市の適正な土地利用に関する条例	2017年
		東京都	板橋区	板橋区都市づくり推進条例	2020年
	⑥浸水対策、 水害対応	静岡県	富士市	富士市土砂等による土地の埋立て等の規制に関する条例	2010年
		静岡県	伊豆市	伊豆市水害に備えた土地利用条例	2016年
		岡山県	岡山市	岡山市浸水対策の推進に関する条例	2017年
		広島県	三次市	三次市住宅の浸水対策に関する土地利用条例	2021年

注：日本都市センターアンケート2023より筆者作成。

第5章　流域治水条例の傾向と総合性・合理性

　以上のとおり、全国の市区において、2014年以降、都市計画・土地利用に関する条例の制定又は見直しが行われた事例はおよそ10年間で20という結果であった。この結果から、近年、条例により積極的にまちづくりを行おうという基礎自治体は多くはないこと、しかしながら、このうちの2割が流域治水に関する条例であるという事実から、流域治水への転換が自治体の都市計画や土地利用に影響を与えていることがわかる。
　■市町村における流域治水条例
　上記の市区へのアンケートに加え、既往研究（釼持2022：84-92）や基礎自治体のホームページから流域治水にかかわる条例を収集し、一覧にしたものが**図表5-6**であり、それらの条例内容を手法別に整理したものが**図表5-7**である。

図表5-6　市町村における流域治水条例

条例制定都市		条例名	制定年
愛知県	名古屋市	名古屋市防災条例	2006年
石川県	金沢市	金沢市総合治水対策の推進に関する条例	2009年
徳島県	吉野川市	吉野川市水害に強いまちづくり条例	2012年
静岡県	伊豆市	伊豆市水害に備えた土地利用条例	2016年
岡山県	岡山市	岡山市浸水対策の推進に関する条例	2017年
石川県	小松市	小松市総合治水対策の推進に関する条例	2018年
高知県	日高村	日高村水害に強いまちづくり条例	2021年
広島県	三次市	三次市住宅の浸水対策に関する土地利用条例	2021年
岡山県	倉敷市	倉敷市総合浸水対策の推進に関する条例	2022年

出典：自治体のホームページ等（2024年現在）より筆者作成。

第4節　市町村における流域治水に関連する意向と流域治水条例

図表5-7　流域治水条例の内容と類型

類型	規定内容		A. 総則 理念・主体の責務等	B. 計画等 方針・基本計画等の策定	C. 施設整備・管理		D. 環境保全 森林、農地の保全・緑化	E. 行為規制					F. 協議会等		G. 支援・教育		H. 情報整備 情報基盤の整備・調査研究	I. 避難対策等 避難経路・体制
					治水対策施設の整備	流出抑制施設の整備・管理	水防、内水管理体制の強化		区域の指定	開発行為の周知・届出	開発事業者との協議	開発行為の許可	建築行為の届出と浸水措置	国等関係機関との協議要請	協議会の設置	市民等への支援	流域治水教育の推進		
防災型	名古屋市	2006年			●	●													●
行為規制型	伊豆市	2016年	●	●					●	●			●**						
	吉野川市	2021年	●						●			●**							
	三次市	2021年	●						●				●**						
	日高村	2021年	●	●				●					●***	●		●	●		
総合型	金沢市	2009年								●									
	岡山市	2017年	●	●	●	●				●*									
	小松市	2018年	●							●**									
	倉敷市	2022年	●	●						●*									

注：**図表5-6**の各条例内容より著者作成。凡例　*勧告・命令・公表、**助言、指導、勧告（公表）、***適合書の請求、助言又は勧告、網掛け：**図表5-5**で提示された条例。

　これらの条例の内容を見ると（**図表5-7**）、**図表5-2**で示した都道府県条例の内容と類似して、概ね、流域治水に関するA.〜G.の手法を定めている。

　A.は、条例の目的や理念、主体の責務を定めるものであり、B.は、長が総合的な治水対策を計画的に推進するため治水対策に関する方針や基本的な計画を位置づける規定である。C.は、長に対して地下に浸透しないで流出する雨水を抑制するため、雨水流出抑制施設の設置や管理、管理体制を義務付ける規定である。D.は、長、住民、事業者に雨水の地下への浸透に関して高い機能を有する森林、農地、緑地等の保全を義務付ける規定である。E.は、土地利用に対する行為規制の手続であり、2つのタイプの手法が定められている。ひとつは、開発等の周知と届出によって浸水措置を義務付ける手続、いまひとつは、開発事業者等と協議を義務付ける手続である。そして、これらの手続を遵守しない事業者に対して勧告、命令、公表などの履行担保措置（**図表5-7の***）の規定がある。F.は、専門家及び関係各課との協議、調整の場として協議会を位置づける規定、G.は、流域治水に関する住民活動の支援や流域治水教育に取り組む規定である。

第5章 流域治水条例の傾向と総合性・合理性

　先に紹介した滋賀県条例の4つの対策と照らし合わせて、都道府県条例との違いを考察すると、C.D.が「ながす」と「ためる」に該当するが、市町村の場合、市自らが事業を実施するものではなく、住民、民間事業者に要請、あるいは義務付けによって目的を実現する規定となっている。また、E.は「とどめる」に該当するが、その根拠となるリスクの想定については、国や都道府県のデータや区域指定をもとにするなどして、個々の開発行為等に対して、規模等に応じて行為規制を行う規定となっている。一方、G.は「そなえる」の基礎となるコミュニティの醸成に関する内容である。

　以上の内容が各市でどのように定められているかを分析すると、3つの類型に整理できる。1つ目は、「防災型」であり、こうした条例は、防災対策基本法等を踏まえつつ、自治体としての防災対策の基本理念、各主体の役割・責務、避難対策等の施策を、水害対策のみならず、災害全般を対象に定める条例である[14]。このうち、本章では、施策のなかにC.の水害対策を含む名古屋市条例（**図表5-6**・**図表5-7**）を挙げているが、趣旨が水害対策もしくは流域治水を主眼としたものではないため、以降の検討の対象としないこととする。2つ目は、「行為規制型」であり、E.の規定を中心に土地利用の行為規制を主眼として定められている条例である。3つ目は、「総合型」であり、A.～H.の内容を総合的かつ計画的に定める条例である。

　以下では、流域治水への転換と流域治水の原理を踏まえて、そのシステム構築に重要と考えられる「行為規制型」と「総合型」の事例を検討してみたい。

14）　本章で「防災型」と位置づける市町村条例は、2023年12月1日時点で、全国で90以上確認できるという。一般財団法人地方自治研究機構ホームページ http://www.rilg.or.jp/htdocs/img/reiki/073_disaster_prevention_measures.htm （2024年3月31日閲覧）。

3 「行為規制型」流域治水条例:「伊豆市水害に備えた土地利用条例」[15]

　「伊豆市水害に備えた土地利用条例」(2016年制定)は、河川氾濫等による浸水想定区域の災害危険性を考慮し、事業者に適正な開発行為等の実施を促すことを目的とした条例である。この条例の中心的な内容は、対象地区を設定し、対象区域における1,000㎡以上の開発行為について、住民への周知と、建築行為の手続として浸水対策の措置と届出を義務付け、これらの履行担保措置として指導、助言及び勧告を定めていることから、「行為規制型」(**図表5-7**)に該当する。流域治水という観点から見れば、流域を対象に「被害対象を減少させるための対策」(社会資本整備審議会2020)や、氾濫原において建築制限や土地利用規制を行うなど、「被害を最小限に「とどめる」対策」(滋賀県条例)に特化した条例である。したがって、本条例は、流域治水への転換により新たに対応すべき対象と手法を展開するものであるといえる。

　しかしながら、この条例が制定されたのは、田方広域都市計画区域としての一体性の弱まり、合併による伊豆市内での"1市2制度"状態の発生と広域交通網の発達による都市的一体性の向上、伊豆市における顕著な人口減少傾向といった問題に対応するために廃止された区域区分の代替規制誘導措置であった。

　伊豆市では、区域区分を廃止し(2017年3月31日)[16]、農振法・農地法による制限とともに、4つの条例による土地利用規制及び誘導策が講じられ、そのひとつに当該条例がある。具体的には、**図表5-8**に示す、①伊豆市特定用途制限地域に関する条例、②伊豆市都市計画法施行条例、④伊豆市景観まちづくり条例と③当該条例である。それゆえ、当該条例の運用は、水害対策に関して住民への理解を促す危機管理課と連携しながらも、建設部都市計画課が

---

15) 伊豆市建設部都市計画課ヒアリング(2023年11月30日実施)。
16) 伊豆市における区域区分廃止の詳しい内容については、土地利用行政のあり方に関する研究会ほか(2017:131-136)。

第5章　流域治水条例の傾向と総合性・合理性

所管している。

図表5-8　伊豆市の条例による土地利用規制及び誘導

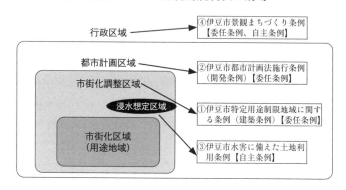

出典：日本都市センター（2017：145）

　伊豆市内の居住可能な平地は、狩野川の流域を中心に広がっており、その一部は水防法に基づいて指定される「浸水想定区域」（水防法14条1項・2項）に含まれている。区域区分廃止前、この「浸水想定区域」は市街化区域に指定されていたことから、原則として開発行為、建築行為は制限されている[17]。しかしその一方で、2017年の区域区分の廃止に伴い宅地としての土地利用が容易になったことから、当該条例では、国土交通大臣が指定する浸水想定区域のうち、「計画規模」（狩野川の場合、1／100）の浸水深0.5m以上を対象区域として、上記の手続を設けることで土地利用を制限している。また、当該条例は、区域区分の代替措置という点だけではなく、浸水対策上必要な措置を講じることや住民等への周知を行うことなど、都市計画法や土地利用関連法制のみでは対応できない市民への水害リスクの認知を促す規定が定められている。なお、伊豆市では、区域区分の廃止に伴い、地区計画を策定するとと

17）特例措置を用いた場合であっても、開発行為、建築行為を行うことはできない（市街化調整区域の浸水想定区域等における開発規制の厳格化（都市計画法34条11号及び12号（改正）））。

もに、上記の条例体系と水害対策を踏まえた立地適正化計画が2024年3月29日に策定されている。

　以上の当該条例の背景や内容を総合性と合理性という観点から考察すると次のようなことがいえるだろう。総合性については、流域治水として、総合的な手法を体系的に定めるものではなく、区域区分の代替措置として定められた条例ではあるものの、土地利用制度体系（建設・都市計画の管轄）のなかで「流域治水の被害対象を減少させるための対策」を定め、土地利用分野からの水害対策へのアプローチとして、流域治水の方向性を踏まえた管轄の拡大に対して新たな手法を展開している点で総合的対応に踏み込んだものとなっている。また、合理性については、科学的根拠となるリスクの想定領域については、国・都道府県が設定する合理的枠組み、すなわち、水防法に基づく「浸水想定区域」を根拠としている。一方、社会的合理性という点については、市民の理解を得るための周知等を当該条例によって独自に定めている。

4　「総合型」流域治水条例：「岡山市浸水対策の推進に関する条例」[18]

　「岡山市浸水対策の推進に関する条例」（2017年制定）は、浸水対策の推進に関する基本理念等や計画、そして、これらを実現する手法を定めることにより、浸水対策を総合的かつ計画的に推進することを目的としており、**図表5-7**のA.理念及びB.基本計画の策定をはじめ、これを実現するためのC. D. E. F. G.の規定を全て定めるものとなっている。流域治水という観点から見れば、①氾濫をできるだけ防ぐ・減らす対策、②被害対象を減少させるための対策、③被害の軽減、早期復旧・復興のための対策（社会資本整備審議会2020）の対策、あるいは、「ながす」「ためる」「とどめる」「そなえる」（滋賀県条例）を基礎自治体の範囲で総合的に対応するものであるといえる。つまり、**図表5-7**

---

18)　岡山市下水道河川局下水道河川計画課ヒアリング（2024年3月21日実施）。

のとおり「総合型」に位置づけることができる。

　岡山市の南部は、海抜ゼロメートル地帯の低平な岡山平野に位置し、大雨の際には排水が困難な地形のため、過去にたびたび浸水被害に見舞われてきた。こうしたなか政令指定都市である岡山市では、条例制定以前も浸水対策として、普通河川[19]を対象とした河川整備や、内水排除のための下水道の整備などを進めてきた。しかし2004年や2011年の水害など、降雨が局地化し、災害が激甚化するなかで、全庁的かつ市民、事業者と連携した総合的な浸水対策の必要性から条例制定に至った。また、条例の総合化に機構改革が影響を与えたという[20]。岡山市では、2015年に河川系の部署と下水系（都市計画（都市施設）系）の部署が下水道河川局として一体化することで、連携した取組みが容易になった。

　このような背景を持つ当該条例の特徴は、第一に、総合的な治水対策を進めるための枠組みを定めている点、第二に、開発行為における行為規制（協議による誘導）を定めている点にある。

　第一の特徴は、**図表5-7**のA.の理念やB.計画に基づき、C. D. E. F. G.の施策を総合的に定めている点に表れている。特に、C. D. E. F.に定める河川や下水道の整備、公共施設などへの雨水流出抑制施設の設置、農業用水路等の水位の事前調整、水防体制に関する普及啓発を図るなど基本的な施策等として国や県、もしくは事業者や市民との協力関係で努めることを促す規定となっており、F.はこれらの施策が総合的に行われるための有識者からの意見を聞く協議会（岡山市浸水対策推進協議会（20～23条））が定められている。そして、これらを運用するためにB.で位置づけている基本計画に基づく「岡山市浸水対策行動計画」が定められており（**図表5-9**）、複数の部署にわたる内容を体系的に示すとともに、所管相互の調整が図られているという。なお、当該行動計画の進捗と調整を協議会が担っている。

---

19)　1級河川は国、2級河川は県が対応するという役割分担になっている。
20)　前掲注18)

第4節　市町村における流域治水に関連する意向と流域治水条例

図表5-9　岡山市浸水対策行動計画2019における施策のロードマップ

浸水対策			市	市民	事業者	時期 2018年〜	短期（おおむね5年）	中期（おおむね10年）	目標（おおむね30年）
目標Ⅰ 市民の日常生活の確保	1 河川・下水道整備	①河川整備	○	−	−	行動	国・県・市管理河川の整備及び改修		
						進捗			
		②下水道整備	○	−	−	行動	内水氾濫を防ぐ下水道施設の整備		
						進捗			
		③貯留施設の整備	○	−	−	行動	暫定貯留管：浦安排水区の整備		西排水区の整備
									合流式下水道の再整備
		④既存ストックの有効活用	○	−	−	行動	局所的かつ効率的な対策の実施		
							維持管理等の計画策定	計画に基づく維持管理等の実施	
							雨水取水ゲートの遠隔操作化の実施		
	2 流域対策	⑤農地・森林・緑地の保全	○	○	○	行動	「緑の基本計画」に基づく公園整備の推進		
						進捗			
目標Ⅱ 都市機能の確保		⑥公共施設における貯留浸透施設設置	○	−	−	行動	雨水貯留・浸透施設の設置		
						進捗			
		⑦民間施設における貯留浸透施設設置	○	○	○	行動	開発行為等における流出抑制対策の実施		
							戸建住宅等における雨水貯留タンクの設置（浸水対策意識の向上）		
	3 減災対策	⑧事前の情報周知・啓発	○	−	−	行動	出前講座による周知・啓発		
							内水ハザードマップの配布		
		⑨防災資機材の配置・支給	○	○	○	行動	止水板設置助成制度の創設	止水板設置助成制度の活用	
							地下街の浸水防止計画の作成	地下街の情報周知システム構築、避難訓練の実施等	
							土のう配布等支給継続、町内会・自主防災会との連携強化や連絡体制の構築・運用		
		⑩地域づくりの啓発・促進	○	○	○	行動	自主防災会結成促進		
						進捗			
目標Ⅲ 市民の生命の確保	4 避難対策	⑪効果的・効率的な災害情報発信	○	○	○	行動	防災行政無線等の機器更新配備	災害用モバイル端末等を活用した情報伝達訓練の実施	
								メールやSNS及び防災アプリ等を活用した情報提供	
							防災まちづくり学校の受講促進	防災まちづくり学校の内容向上	
							洪水ハザードマップを活用した啓発活動強化		
		⑫避難体制の整備・周知	○	○	○	行動	旭川タイムラインの運用・訓練・PDCA等		
							防災まちづくり学校受講促進、自主防災会結成促進		
							総合防災訓練・水防訓練継続実施		
							多世代にわたる市民の防災訓練参加促進、市民と地区の事業者等による地域防災力向上		

出典：岡山市下水道河川局下水道河川計画課『岡山市浸水対策行動計画』（2019年）パンフレット

一方、第二の特徴は、「開発行為等における雨水排水計画の協議等」(14～18条)、すなわち**図表5-7**のE.土地利用・建築行為の行為規制にある[21]。それは、この行為規制が「義務を課し、権利を制限する」規定であるからである。具体的には、敷地面積3,000㎡以上の開発行為等を対象に、雨水の一時貯留など流出抑制に係る雨水排水計画の協議を義務付けている。事業者はこの協議を行うにあたっては、計画書を作成しなければならず、計画書は、浸水被害の発生及び拡大の防止を図るための雨水の排水に係る技術上の基準に遵守しなければならない。なお、府県条例（**図表5-2**）で定めるような、H.情報整備、I.避難対策については、定められていない。

以上の当該条例の背景や内容を総合性と合理性という観点からまとめると次のようなことがいえるだろう。

総合性については、流域治水として、国や都道府県で定められている内容と同様に総合的な手法を体系的に定めており、その運用も総合的かつ計画的に行われている。とりわけ、河川系と下水系を統合した機構や、行動計画に基づく他部署との情報共有や調整等の運用が流域治水の方向性を踏まえた管轄の拡大に対して総合行政を可能にしている。ただし、その取組みは、普通河川を対象とするものに限られており、物理的に河川は管轄により切り分けることができないため、国や県と連携し、また、事業者や市民の協力を得るなかで実現することが想定されている。一方、合理性については、科学的根拠となるリスクの想定や事業の実施については、国や県の枠組み（法制や予算）を基本としているものの、個別の開発行為等について、先駆的事例を参照しながらも地域の実情を反映した独自の協議対象や基準を条例施行規則に定めている。また、社会的合理性という点については、独自の取組みとして、社会的な合意を得るための防災まちづくり学校や自主防災会を結成するなど、地域のコミュニティ形成に力が注がれており、その根拠を条例に規定している。

---

21) 当該条例及び岡山市浸水対策の推進に関する条例施行規則（2017年7月19日制定）

第5節

流域治水条例にみる
都道府県と市町村の役割と総合性・合理性

　本章では、治水から流域治水への転換に伴い制定された条例を中心に検討してきた。

　これらの条例は、地域の実情により違いはあるものの、検討した自治体条例の限りにおいては、流域治水関連法という国の政策に準ずるというよりは、国に先立ち、あるいは国の検討と呼応する形で気候変動により水災害が激甚化・頻発化する「水害多発時代の到来」を危惧して、独自に制定されたものであると考えられる。つまり、治水の「流域」への拡大の必要性や「"水と人が調和"するシステム」の構築の必要性から、自治体における管轄を広げ多様な手法を展開するために総合的行政を可能にするための工夫がされてきている。

　本章を終えるにあたって、これまで検討してきた内容を、都道府県と市町村の役割という視点から整理した上で、空間的管轄・機能的管轄の総合性と流域治水の合理性という観点から考察する。

1　流域治水における都道府県と市町村の役割

　都道府県（**図表5-2**）と市町村（**図表5-7**）の流域治水条例の規定内容を簡素化したものが、**図表5-10**である。

第5章　流域治水条例の傾向と総合性・合理性

図表5-10　都道府県と市町村の流域治水条例の規定内容

	A.理念・責務等	B.計画等	C.施設整備・管理	D.環境等保全	E.行為規制	F.協議会等	G.支援・教育	H.情報整備	I.避難対策等
都道府県	●	●	●	●	●	●	●	●	●
市町村	●	○	○	○	●	●	●		○

注：**図表5-2**と**図表5-7**に基づき著者作成。
凡例　●「総合型」の規定内容、○「行為規制型」にはない規制内容。

　類型的に見ると、都道府県条例のほとんどがA.からH.の内容を規定する総合的なものである。一方、市町村条例は具体的な義務規定や行為を拘束する規定を定めない「防災型」を対象としなければ、総合的な項目を定める「総合型」と開発行為等の行為規制に特化して規定する「行為規制型」に分けることができた。また、市町村条例は「総合型」であっても、調査研究なども含めたH.情報整備やI.避難対策を規定するものはほとんどない。また、**図表5-10**の結果を滋賀県の対策「①ながす」「②ためる」「③とどめる」「④そなえる」と照らし合わせると、都道府県は①②③④、市町村は③④を中心に施策を展開していることがわかる。

　これは、1級河川は国、2級河川は都道府県という役割分担を前提に、①②（**図表5-10**のB. C. D.）の河川事業を国や都道府県が担ってきたことに起因していると考えられる。また、**図表5-10**のH.情報整備に関して「浸水警戒区域」や「浸水想定区域」などの危険流域を指定する根拠を構築し、設定することについて、上記の河川規模に関する役割分担や人材、財源等の問題などから市町村には一定の限界があると考えられ、これは、日本都市センターアンケート2023の結果（本章第4節参照）からも裏付けられる。

　しかし、その一方で市町村は、「③とどめる」（**図表5-10**のE.）に関する行為規制において、土地利用や個々の建築行為については、地域の実情に即して事業者との協議基準を設定し、又は事業者に届出義務を課して指導、助言を行っている。他方、「④そなえる」（**図表5-10**のG.）に関する住民や事業者

への支援については、都道府県の支援と連携を図りながら、住民に身近な市町村が積極的に対応をしている。この対応についても、同アンケート結果に見て取ることができる。

2　空間的管轄・機能的管轄の総合性

　上記の流域治水条例の内容とその運用を空間的管轄と機能的管轄の総合性という観点から考察してみたい。人々の生活を守るため、さまざまな問題を広範かつ詳細に解決するためには、実務的な行政負担は大きく、分業なくして行政の運営は立ちゆかない。そのため、空間的に、また機能的に「管轄」を設けて政策が展開されている。

　しかしながら、物理的に河川及びその流域は管轄により切り分けることができないため、そこに「空間的管轄」の総合性、すなわち総合行政が必要になる。実際、都道府県条例には、国と市町村との関係、市町村条例には、国と都道府県との関係がほとんどの条例に記載されていた。また、都道府県条例、市町村条例において、F.協議会等（**図表5-10**）が設置されており、この運用を通して、都道府県と市町村の調整が行われている[22]。さらに、都道府県及び市町村の「総合型」条例の全てでB.計画等（**図表5-10**）が定められており、この計画に基づいて、各種手法が総合的に展開される枠組みとなっている。ただし、この当該条例に位置づける計画を用いて、計画間調整が図られ、国、都道府県、市町村の調整が図られているかどうかは確認できず、今後、当該都道府県及び市町村の条例に定める計画と、法律が定める「流水水害対策計画」「立地適正化計画」などの諸計画との整合により、計画間調整が図られることが期待されよう。

　一方、流域治水関連法の制定に伴う9つの法律の改正に見られるように、

---

[22]　条例に規定されていないが、各事象に対して任意の調整が図られているケースは少なくないという（滋賀県、伊豆市、岡山県へのヒアリングより）。

河川のみならず、都市計画、緑地、建築などの関係分野、関係機関を拡大させることになった。それにより、自治体の各部局が担う政策分野の範囲である機能的管轄を総合的に調整する必要性が出てきた。実際、都道府県及び市町村の「総合型」条例では、A.からH.いくつかの分野を横断する施策に対して自治体内の関連部署において調整を図ることで条例の規定を定め、運用が行われている。あるいは、庁内の複数の分野の所管課を統合する場合も存在した。また、都市計画系の所管課が土地利用体系のなかで水害対策に踏み込んだ条例を制定していたり、河川・下水行政において、開発行為や建築行為の行為規制を行う総合的な対応が市町村により積極的に行われている。加えて、自治体内における各分野（各所管課）の計画間調整に関しては、「総合型」条例において、B.計画等（**図表5-10**）を定めた上で行動計画を策定し、協議会において計画に基づき分野間の調整を行っている実態を確認できた。

　以上の実態から、自治体は、流域治水を行うために組織的な対応、条例における体系的な規定、計画に基づく協議会等における調整などによって、空間的管轄、機能的管轄の総合性を確保し、総合行政を行うための工夫をしているといえる。そして、これらは、法令及び委任条例のみでは対応できない自主条例の総合的機能を表すものであるといえよう。

3　流域治水の合理性

　合理性については、流域治水に転換したことで、開発行為や建築行為の土地利用に関する行為規制の根拠が重要となり、科学的根拠、社会的根拠がより求められることとなった。流域治水の正当性を担保するための科学的根拠の提示（科学的合理性）と、住民の理解に基づく施策の実現（社会的合理性）が必要とされているのである。これに対して、自治体では、科学的合理性について、「浸水警戒区域」「浸水想定区域」などの地域にとって危険な流域を国や都道府県による技術や研究を基礎としながら、市町村は個々の行為規制に対する基準を検討している。一方、このような流域の制限を地域で共有す

る、あるいは住民の理解を得るための社会的な理解や合意を整えるために、自治体では、議会の議決を経るという民主的な手続に基づく条例にこうした取組みを定めることで住民等と向き合っている。

4　自治体における流域治水の構築と総合性・合理性

　以上の流域治水条例の内容及び運用の実態から、流域治水における空間的管轄・機能的管轄の総合性及び、流域治水の科学的合理性・社会的合理性が推進されていることを確認することができよう。本章で見た流域治水条例の実態は、全国的に見れば、積極的に流域治水条例を定めた一部の自治体の事例に過ぎない。しかしながら、こうした先駆的自治体が国の政策に先立ち、地域固有の水と人との関係を踏まえた新たなシステムを推進しようとする事実は、水害へ抵抗する従来の治水を超えた、"水と人が調和"するシステムすなわち「流域治水の原理」構築の挑戦であると考えられる。

　一方で、本章で考察した「総合性」「合理性」の視点から見た自治体の取組みは、流域治水のみに求められるものではなく、今日の日本における「総合的かつ合理的な行政」の一側面でもある。

　それゆえ、本章で紹介した取組みが全国的に推進され、流域治水実現の一助となり、さらに自治体の総合的かつ合理的な行政を牽引する取組みにつながることを期待したい。

引用・参考文献

- 内海麻利（2010）『まちづくり条例の実態と理論―都市計画法制の補完から自治の手だてへ』第一法規
- 内海麻利編著（2024a）『縮減社会の管轄と制御―空間制度における日本の課題と諸外国の動向・手法』法律文化社
- 内海麻利（2024b）「都市計画における総合性」金井利之・自治体学会編集『自治体と総合性～その多面的・原理的考察～』公人の友社、32-49頁

- 大原美保・徳永良雄・澤野久弥・馬場美智子・中村仁（2018）「滋賀県における宅地建物取引時の水害リスク情報提供の努力義務に関する実態調査」地域安全学会論文集No.32、103-111頁
- 河川審議会（2000）「流域での対応を含む効果的な治水の在り方：中間答申（平成12年12月19日）」
- 釼持麻衣（2022）「条例による建築・開発行為等における雨水流出抑制策の促進」都市とガバナンスVol.38、84-92頁
- 静岡県（2017）「第175回都市計画審議会会議録」2、8-24頁
- 辻光浩（2015）「激甚化する豪雨浸水被害への対応 滋賀県流域治水条例における"まちづくり治水"の取り組み」新都市69号、48-50頁
- 国土技術研究センター編著・国土交通省水管理・国土保全局監修（2023）『解説・特定都市河川浸水被害対策法施行に関するガイドライン（令和5年1月・Ver.1.0）』
- 社会資本整備審議会（2020）『気候変動を踏まえた水害対策のあり方について〜あらゆる関係者が流域全体で行う持続可能な「流域治水」への転換〜（令和2年7月）』
- 瀧健太郎・松田哲裕・鵜飼絵美・小笠原豊・西嶌照毅・中谷惠剛（2010）「中小河川群の氾濫域における減災型治水システムの設計」河川技術論文集16巻、477-482頁
- 土地利用行政のあり方に関する研究会・全国市長会政策推進委員会・（公財）日本都市センター（2017）『土地利用行政のあり方に関する研究会報告書（平成29年5月）』
- 馬場美智子・岡井由佳（2021）「水害対策としての開発規制に関する都道府県条例等に関する研究」都市計画論文集Vol.56-3、1481-1487頁
- 三好規正（2022）「気候変動時代における実質的な流域治水と自治体の役割」自治総研519号、1月号、1-30頁

（内海　麻利）

第6章

水害多発時代における都市計画制度上の論点（市街地編）

第1節 市街地部での都市計画による流域治水対応

　我が国での都市計画の定義は、それを定める都市計画法から引用すれば同法第4条第1項で「都市の健全な発展と秩序ある整備を図るための土地利用、都市施設の整備及び市街地開発事業に関する計画……」と定められている。ここで定める「土地利用」の計画の基本は個別の開発・建築行為を規制誘導する範囲を決める、いわゆる「ゾーニング」であり、その立案は地形、水系など土地の持つ属性を考慮して検討される。こうした土地利用計画立案の古典的な検討手法は、流域治水の原理である「水と人が調和するシステム」そのものであり、「水害多発時代」と言われる昨今においては特に重要である。

　別章では、滋賀県（第2章・第5章）や伊豆市（第5章）などの取組みに代表されるように、自主条例により個別の開発・建築行為をコントロールすることで水害リスクと向き合う制度手法が紹介されたが、その一方で都市計画法や建築基準法などの法律に定める土地利用計画制度（以下、「法定土地利用計画制度」）によっても対応されて然るべきである。その法定土地利用計画制度として水害リスクと向き合うということであれば、開発・建築行為の可否に大きく作用する「区域区分制度」を無視することはできない。また近年では人口減少や高齢化などを背景とした新たな法定土地利用計画制度として「立地適正化計画制度」が創設され既に多くの都市が取り組んでいる。

　本章と次章では、法定土地利用計画制度によるリスク対策に焦点をあてるが、先ずは市街地部での都市計画による流域治水対応の論点を筆者らの既往研究（蕨ほか2019・梨本ほか2022）での知見を引用しながら述べたい。前段の節では区域区分制度におけるハザード区域の扱いに関する実態を、後段の節では市街地部を主たる計画策定領域とする立地適正化計画制度での浸水想定

区域の扱いから論点や課題を提起する。なお、両節とも引用している既往研究上に掲載した図を適宜必要に応じて参照されたい。

第2節 区域区分制度運用時の水害ハザード区域の扱い

1　区域区分制度と同制度における水害リスクへの備え

　区域区分制度（「線引き制度」とも称された）は、都市計画区域を市街化区域（既に市街地を形成している既成市街地及び優先的かつ計画的に市街化を図る新市街地）と市街化調整区域（開発許可制度による許可制のもとで市街化を抑制する区域）に区分することで、無秩序な市街地拡大を防止することを目的に1968年の新都市計画法の下で創設された。当時は大都市圏に限らず地方圏でも人口増加によるスプロール的な市街地拡大が問題視されており、この区域区分制度によって非効率な都市基盤整備の防止と、優良農地の保全への対応策が求められていた。そのため、大都市圏に限らず当時から区域区分制度の適用が義務付けられていた一定の要件に該当する地方都市圏[1]においても法施行後概ね3年程度の間に両区域を指定する、いわゆる「当初線引き」が完了している。

　市街化区域は全くのフリーハンドで指定されるものではなく、当然ながら法令でその指定要件が定められている。法施行当初の都市計画法施行令（以

---
[1]　首都圏整備法の既成市街地及び近郊整備地帯、近畿圏整備法の既成都市区域及び近郊整備区域、中部圏開発整備法の都市整備区域に含まれない領域。

第6章　水害多発時代における都市計画制度上の論点（市街地編）

下、「施行令」）第8条第1項第2号の都市計画基準（以下、第8条第1項第2号の基準を「都市計画基準」という）では、イ〜ニまで4つの規定があり、同号ロでは「溢水、湛水、津波、高潮等による災害の発生のおそれのある土地の区域」を市街化区域に含まないものとされている。また、区域区分制度創設時に発令された旧建設省通達[2]でも、当時の施設の現状及び整備計画等を踏まえた上で、「おおむね60分雨量強度50mm程度の降雨を対象として河道が整備されないものと認められる河川のはんらん区域及び0.5m以上の湛水が予想される区域」と同号ロで定める区域を具体的に明示していたことからも、国が予め目安となる指標を示すことで今後新たに市街化を図る区域だけでも安全な場所に指定したいとする政策的意図が当時から存在していた。つまり、水害を含む自然災害リスクを考慮した土地利用計画行政を執り行うことを当時から既に規定されていた。その規定どおりに区域区分制度が運用されていれば、リスクの高い区域を避けて市街化を図る市街化区域が指定されるはずであった。

では、当初決定時とそれ以降に拡大した市街化区域[3]が施行令で定めた都市計画基準をどの程度遵守しているのであろうか。本章では、市街化区域と豪雨災害によってもたらされる各種ハザード区域（土砂災害特別警戒区域と土砂災害警戒区域、浸水想定区域[4]）の重複状況分析から論じたい[5]。また、市街化区域が災害のおそれのある区域に指定、あるいは災害のおそれのある場所を

---

2)　「都市計画法による市街化区域および市街化調整区域の区域区分と治水事業との調整措置等に関する方針について（昭和45年1月8日　建設省都市局長・河川局長通達）」
3)　工業地域、工業専用地域を非可住地として分析対象から除外。市街化区域は蕨ほか（2019）で当時分析した2011年時点の指定範囲。
4)　水防法第14条に基づく洪水浸水想定区域であり、その指定範囲を国土数値情報より収集し分析。なお本項では、発生確率が高い計画規模の区域（第2節に限り浸水想定区域は水平避難が困難になると考えられる想定浸水深50cm以上の区域を分析対象）を用いている。
5)　浸水想定区域、土砂災害警戒区域、土砂災害特別警戒区域は全て2001年に創設された区域で、区域区分制度創設当時には存在していない区域であり、後の河川整備事業等のハード対策によりハザードの度合いが変化することが想定されるが、これらが想定する災害は恒久的な地勢に大きく起因しており、近年に限らず洪水や土砂災害は都市に甚大な被害を与えていることから、これらをハザード区域として便宜的に扱う。

避けて指定された背景についても触れる。検討の素材は、①人口10万人以上（平成22年国勢調査）、②用途地域を1965年までに指定、③区域区分を1975年までに設定し現在まで維持、④水害ハザード区域のデータが存在（2018年1月時点）、⑤地方都市圏[6)]という条件を満たす71都市とする。

(1) 当初線引き時の市街化区域

各都市[7)]でのハザード区域と市街化区域との重複関係を市街化区域の拡大履歴とあわせて複合的に見ることで、「A：当初指定、拡大市街化区域ともに安全、B：当初指定は危険、拡大市街化区域は安全、C：当初指定は安全、拡大市街化区域は危険、D：当初指定、拡大市街化区域とも危険」の4区分[8)]に大別することができる（**図表6-1**）。

---

6) 前掲注1）
7) 平成の合併によって水害ハザードが旧市と大きく異なる旧町村も含めて広範囲に合併した都市や都市計画区域が再編された都市もあることから、本章では平成の合併以前の市域を対象とした。
8) 当初市街化区域に占める土砂系ハザード区域の割合を見ると、0％が6市、1％は20市、2％は12市が該当する。拡大した市街化区域に占める割合では、0％と1％にそれぞれ17市ずつ、2％に6市が該当する。重複が一切ない都市は安全であり、1〜2％の都市もGISでの計測の誤差の範囲と考え2％を閾値とする。また、当初市街化区域に占める浸水想定区域の割合では、24％未満は49市、30％以上は22市である。土砂系ハザード区域の方で閾値に設定した2％未満は、浸水想定区域で見ると10市のみであった。71市の中には城下町のように河川との位置関係を重視して形成された都市があるため、一定程度の浸水割合は許容できると考え30％を閾値とする。また、拡大した市街化区域に占める割合は、30市が6％未満であった。土砂系ハザード区域と同様に、GISでの計測の誤差を考慮し6％を閾値とする。

第6章　水害多発時代における都市計画制度上の論点（市街地編）

図表6-1　71都市の市街化区域に含まれる土砂系ハザード、浸水想定区域の割合で見た各リスク類型に属する都市群

			浸水想定区域（想定浸水深50cm以上の割合）			
			A	B	C	D
			①30%未満 ②6%未満	*	①30%未満 ②6%以上	①30%以上 ②6%以上
土砂災害リスク区域	A	①2%未満 ②2%未満	函館 苫小牧 **青森 長岡** **郡山** 水戸 **宇都宮** 小山 前橋 松阪 明石	-	**旭川 釧路** **弘前 盛岡** **秋田** 土浦 太田 富士 豊橋 今治	**帯広** 足利 伊勢崎 **長岡** **富山** 高岡 福井 甲府 **大垣** 津 加古川 佐賀
	B	①2%以上 ②2%未満	小樽 福島 会津若松 日立	-	高崎 **金沢**	倉敷
	C	①2%未満 ②2%以上	<u>**大分**</u>	-	沼津 三島 豊川	石巻
	D	①2%以上 ②2%以上	山形 **いわき** 桐生 呉 下関 周南 高知 **長崎** 佐世保 別府 **鹿児島** 那覇	姫路 松江	**長野** **松本** 各務原 **大津** 岩国 松山	<u>**岐阜**</u> 和歌山 鳥取 福山 防府 徳島

【凡例】①当初市街化区域に占める割合
　　　　②拡大した部分の市街化区域に占める割合
　　　　太字：市街化区域の拡大が700ha以上の都市（24都市）
　　　　太字下線：詳細対象都市（7都市）
　　　　＊①30%以上　②6%未満

出典：蕨ほか（2019）

　当初線引き時の状況から見ると、A及びCの都市群は都市計画基準に比較的従った市街化区域の指定がされているが、一方のB及びDの都市群では後にハザード区域に指定される範囲を広く含めて市街化区域を指定したことがうかがえる。これは、当時形成されていた市街地自体が潜在的に水害の危険性を孕んでいたことを示すものである。ただ、災害リスクを考慮した区域区

分制度の運用を求めていた都市計画基準自体は、既に市街地を形成している既成市街地を対象としたものでないため、結果としてこのような都市群が生じることは当然あり得る。この都市計画基準自体は特段不適切なことではなく、逆にその基準を既成市街地も含めて適用すれば、本来市街化区域とすべき人口・各種施設の集積度合いが高いエリアが市街化調整区域となる場合もあり得るため、現況と異なる区域区分がされてしまう。こうしたハザード区域を抱える既成市街地を市街化区域としたことで生じたリスク対応の論点については、立地適正化計画制度について触れる次節に譲る。

(2) 当初線引き以後に拡大した市街化区域

　市街化区域は当初線引き時で指定された範囲で固定化されるものではない。都市計画区域を指定する都道府県が将来の増加人口を見込んだ「将来人口フレーム」を設定し、現状の市街化区域で収容しきれない増加人口の受け皿を確保する形で市街化区域は拡大される。その受け皿は、都市計画法で定める「おおむね10年以内に優先的かつ計画的に市街化を図る」市街化区域である新市街地であり、この新市街地こそが都市計画基準に従って市街化区域として指定される。この「将来人口フレーム」は概ね5年毎に見直され、その見直しを受けて区域区分も定期的に見直すことで市街化区域が順次拡大されていく。では、市街化区域の拡大動向も含めてハザード区域との関係を整理した71都市の状況から、その実態を見てみたい（**図表6-1**）。

　CとDは、拡大した市街化区域にハザード区域を比較的広く含む都市群である。浸水想定区域がDの都市群である大垣市や岐阜市は、当初市街化区域も浸水想定区域を広く含んでいた都市であるが、多くの河川が存在するなど市域の地形的条件からその市街化区域をそのまま拡大せざるを得なかったものと推察される。一方で浸水想定区域がCの都市群である弘前市は、当初市街化区域が比較的安全であり、後に市街化区域を拡大した範囲以外にも安全な場所に拡大する余地があったと推察できるが、後に浸水想定区域が指定さ

れる範囲を対象に市街化区域を拡大させている[9]。つまり、同市は水害リスクを考慮した区域区分制度運用の余地があった都市であるものの、Dの都市群と同様の拡大をしてきた。同市は、岩木川と平川に囲まれた沖積台地に市街地が形成され、主として市街地の南西部以外の方向に市街化区域を拡大してきた。第4、5回定期見直しでの拡大は後に浸水想定区域に指定される場所を避けた拡大であったが、第2、3回定期見直しで拡大した市街化区域に占める想定浸水深0.5〜2.0mの浸水想定区域の割合が高い。これは、当初市街化区域の北側に指向して拡大したことが影響しており、この拡大は当時の県による住宅供給公社の宅地造成などを理由としたものである。

　一方で、当初市街化区域の南西部は、浸水ハザードのない領域であるにもかかわらずその拡大が抑制されている。都市計画基準には、前述の災害のおそれのある区域以外にも、「優良な集団農地その他長期にわたり農用地として保存すべき土地の区域」を市街化区域に含むことを禁止しており、その南西部に広がる市街化調整区域一帯は、その含むことを禁止された農振農用地に指定されていた。また、その農振農用地は水田地帯ではなく、営農利益が比較的見込める樹園地を主体とする優良農地が広がっているため、農振農用地を除外してまで市街化区域を拡大する試みはされなかった。

　つまり、市街化区域の拡大とその抑制は、ともに災害リスクの考慮に基づいて行われたものでないことを示しており、こうした区域区分制度の運用は弘前市に限らず他の都市群にも共通している。都市計画基準では災害発生のおそれのある土地の区域を市街化区域に含めないように、また前述した旧建設省通達でもその土地の区域を具体的に提示していた。にもかかわらず、こうした区域区分制度の運用となった背景には、現在のハザード情報として用いられている浸水想定区域のような事前明示的なハザード区域が旧建設省通達で定める具体的な区域も含めて存在していなかったことが挙げられる。また、仮にそのような区域が事前明示されていたとしても、区域区分制度の運

---

9)　蕨ほか（2019：933）の図2参照。

用にハザード情報を反映させていく制度体系となっていたわけでもなく、浸水想定区域が今や当然のように公表された後も、この都市計画基準にかかわる規定については都市計画運用指針上においても具体的に明記されなかった。

(3) 区域区分制度運用の今後のあり方

　この都市計画基準にかかわる規定を実質的に機能させるために、一部の県では自主条例による独自の対応がされている。第2章で紹介された滋賀県の取組みの他、奈良県でも「大和川流域における総合治水の推進に関する条例」を制定し、旧建設省通達で規定された区域に相当する区域を「市街化編入抑制区域」として指定、公表し、新たな市街化区域編入を原則行わない措置を制度化している。また、北九州市など一部では主に土砂災害への対応を想定した逆線引きを試みていた自治体も見られる（永末ほか2023）。

　一方で、都市計画制度の側も制度改善が図られた。特定都市河川浸水被害対策法の改正（2021年）により、都市計画基準で規定された災害発生のおそれのある区域のひとつに浸水被害防止区域を追加した都市計画運用指針の改訂がされたことで、近年ようやく浸水リスクが想定される特定の区域での市街化区域の指定が認められなくなった。

　上記のようなリスク対応に基づく区域区分制度の運用が他県でも展開されることを期待するが、既に人口減少局面に入っている地方都市圏では、市街化区域を拡大するための裏付けとなる前述の将来人口フレームが枯渇している状況であり、市街化区域の拡大が鈍化している昨今の状況を踏まえると、やや遅きに失した感がある。また、日本都市センターが実施したアンケート調査[10]で述べられたように、豪雨災害を契機に区域区分を見直した都市自治体は原状確認できておらず、逆線引きを試みた北九州市でも地元との調整が折り合わず想定どおりの実現には至っていない。とはいえ、市街化区域の拡

---

10) 「気候変動に対応した防災・減災のまちづくりに関する研究会」（2022-2023年度）で実施された日本都市センターアンケート2023 Q16参照。

大は今後も小規模ながら継続しており、自治体自らによる独自対応や制度構築が困難であることも踏まえると、都市計画制度でもある程度の指針を示しておくことが望まれる。

第3節 立地適正化計画制度での水害リスク対応の論点

1 立地適正化計画で指定する誘導区域と同区域指定時の水害リスク対応

「水害多発時代」に備えるべく災害という有事のリスク対策は重要であるものの、一方で特に地方都市では人口減少の局面下にあるため平時のリスクに備えた対策、つまり高齢化への備えや、公共や民間により供給される各種サービスを持続的に維持していく政策も同時に取り組んでいかねばならない。このための取組みとして、我が国では2000年代に入り「コンパクトシティ政策」の必要性が都市計画の有識者を中心に指摘されるようになり、青森市や富山市などの一部の都市自治体では、コンパクトシティ政策の萌芽的実績が試みられた。政府としても、2014年に都市再生特別措置法を改正して、「コンパクト・プラス・ネットワーク」をキーワードとしてコンパクトシティ政策を全国レベルで浸透させるべく「立地適正化計画制度」を創設した。

(1) コンパクトシティ政策を推進する立地適正化計画の仕組み

立地適正化計画制度については、第3章などでも触れられているが、本節で述べる論点を理解していただくためにも、具体的に同制度の仕組みを簡単

に説明したい。立地適正化計画では、住宅及び都市機能の増進に資する施設の立地の適正化を図る区域を指定し、同区域内で各種の誘導施策を講じることにより、居住人口と生活に必要な各種サービス（行政や医療などの公共公益サービスの他、モビリティや商業などの民間サービスも含む）を維持することで、人口減少下でも持続可能な生活空間の確保と都市運営を図るものである。住宅及び都市機能の増進に資する施設の立地の適正化を図る区域には、居住誘導区域と都市機能誘導区域（それぞれ、都市再生特別措置法第81条第２項第２号及び第３号で定める区域）があり、両区域は区域区分制度を適用する線引き都市では市街化区域内に限り（非線引き都市は原則として用途地域内に）指定される。住宅立地の適正化を図る居住誘導区域は、人口の集積度合いや公共交通サービスの充実度などを考慮して指定され、同区域内には居住のための誘導施策として住宅購入補助や公営住宅の建設などが想定されている。また、都市機能の増進に資する施設の適正化を図る都市機能誘導区域は、中心市街地などの都市拠点を中心に指定され、同区域内では都市構造再編集中支援事業に代表される国からの各種補助金の他、その補助金を原資とする各種都市計画事業や税制優遇措置、容積率緩和などの都市計画制限の緩和といった行政による手厚い支援が講じられる。

(2) コンパクトシティ政策と流域治水との親和性

　立地適正化計画制度のキーワードである「コンパクト・プラス・ネットワーク」の重要性を示す根拠として、国は「①持続可能な都市経営のため」、「②高齢者の生活環境・子育て環境のため」、「③地球環境、自然環境のため」、「④防災のため」の４つの狙いを掲げている。①②は、前述したように立地適正化計画制度創設時に求められた本来の制度趣旨である。③についても1990年代に欧米を中心にコンパクトシティの重要性が叫ばれた当時からある狙いであり、現代においてもその重要性はさらに高まっている。温室効果ガスの削減により気候変動リスクを軽減させるという意味では、流域治水対策とも親和性はあると言えよう。④の狙いは、災害リスクの低い地域の重点利用や、

集住による迅速かつ効率的な避難などが想定されている。前者は、住宅や各種都市施設の立地を安全な場所に集約することで、その狙いを達成していくことになるが、換言すれば「これらの立地を危険な場所に集約させない」ということを意味する。住宅や各種都市施設の立地を促すエリアを、災害リスクの高い場所を避けて指定することができれば、コンパクトシティ政策と流域治水対策は当然親和性があるということになる。

(3) 流域治水との親和性を図るための立地適正化計画制度の枠組み

　立地適正化計画制度は前節で取り上げた区域区分制度と異なり、都市計画法上で定める土地利用制度ではない。したがって、居住誘導区域や都市機能誘導区域は、あくまで都市再生特別措置法上の区域であるため、都市計画法上の法定手続きを経て指定されるものではない。しかし、各種施設を政策的に誘導する区域を自治体が指定するという性格上、広義の意味での「都市計画」と言え、実際に両誘導区域の指定の考え方は前節で取り上げた市街化区域と同じく、「都市計画運用指針」で定められている。

　都市計画運用指針では立地適正化計画制度が制度化した初期の段階から、人口や都市機能の集積度合いや公共交通との関係にとどまらず、災害リスクとの関係も含めて考慮した上で居住誘導区域の指定を検討することを求めており、法令により居住制限を課していないものの災害発生のおそれのある区域を居住誘導区域に含める場合は慎重な判断をするよう規定している。その後も豪雨災害の頻発化、激甚化を背景として、コンパクトシティ政策に事前防災の考え方を盛り込むべく都市再生特別措置法が改正（2020年）され、あわせて都市計画運用指針も改定されたことで、浸水想定区域や土砂災害警戒区域といった災害イエローゾーンも含めて「居住を誘導することが適当ではないと判断される場合は、原則として、居住誘導区域に含まないこととすべきである」と都市計画運用指針上で明確に規定し、同区域から除外することを求めている。あわせて、居住誘導区域内でのリスク低減に資する対策を定

めるとした防災指針（都市再生特別措置法第81条第2項第5号）も創設された。

2 立地適正化計画制度での水害リスク対応の現状

　では、立地適正化計画で指定された居住誘導区域が、浸水想定区域からの除外を求めている都市計画運用指針をどの程度遵守しているかを、自治体での実際の指定状況から見てみたい。本項では、地方都市圏の中から合併前旧市人口7万人以上の80市（線引き64市、非線引き16市）[11]を対象に、これらの市での市街化区域（用途地域）[12]、居住誘導区域、浸水想定区域との関係から居住誘導区域の指定を現状確認する他、ハザードの視点のみでなく人口集積や生活利便性の視点から見た市街地評価と重ねて分析することで、立地適正化計画制度での水害リスク対応によって生じた実態を通じて課題を提起する。また、その実態を踏まえた上で新たに制度化した防災指針での対応にも触れたい。

---

11) 平成の合併以前から一定の中心性及び都市計画行政事務能力を有する市を対象とするため、合併前市域人口により抽出。ただし、用途地域内人口密度を評価する上で特異値となる市（平成以降に線引き廃止もしくは新規導入した高松市、新居浜市、多治見市、鶴岡市の他、地方圏にありながら市街化区域人口密度が極端に高い那覇）に加えて、公開されている資料の制約から青森市、三島市を除く。
12) 前掲注3)

図表6-2　居住誘導区域指定割合と浸水想定区域を含む割合

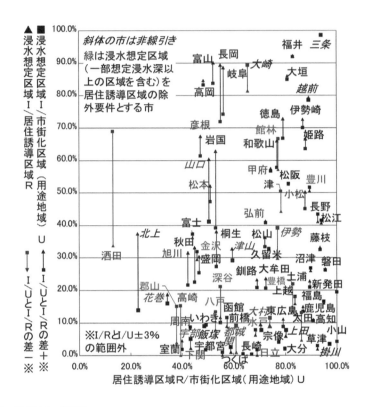

出典：梨本ほか（2022）

(1) 居住誘導区域と浸水想定区域との重複関係

　まず、80市の居住誘導区域／市街化区域（非線引きの場合は用途地域）を、居住誘導区域指定割合とし、それぞれの区域に含まれる浸水想定区域の割合（I：浸水想定区域／R：居住誘導区域もしくはU：市街化区域）の差を見ると、各都市での前提が大きく異なることがわかる（**図表6-2**）[13]。また、I／RがI／U

---

13)　梨本ほか（2022：769）、図1でカラーの図表を記載。

より下回った13市(大崎、酒田等)がある一方で、逆にそれを上回る19市(岐阜、岩国等)に大別できる。前者13市の中には居住誘導区域の指定要件として、一定程度の想定浸水深となる浸水想定区域を除外することを規定する市もあり、浸水想定区域を居住誘導区域から積極的に除外する姿勢としたことが功を奏した結果となっている。一方で、後者19市は浸水想定区域を居住誘導区域としつつ、浸水想定区域外の市街地を中心に居住誘導区域を指定しなかった結果と言えるが、岩国市、長岡市等は市街化区域の約半数以下にまで居住誘導区域を限定指定したにもかかわらず、I／Rの方で上回る度合いが大きい。また、高岡市はI／U、I／Rともほぼ同程度だが居住誘導区域を限定指定したものの依然高い水準にある。

居住誘導区域の指定範囲を限定した市でも、浸水想定区域を広く含んでいる市は、中心市街地などの生活利便性の高い場所のほとんどが浸水想定区域であると見られ、浸水想定区域を居住誘導区域から除外することの合理性に疑問符が付く市と想定される。こうした場所の多くは、都市計画法施行規則で定める既成市街地の要件(40人／haの人口密度かつ３千人以上の人口集積を有する区域等)に該当しており、当初線引き時から市街地が形成されていた。既成市街地として指定される市街化区域は、災害リスクを避ける指定を求めた都市計画基準が適用されないことを前節で述べたが、こうした人口密度と集積を有する市街地は、災害ハザード以外の指標からすれば居住誘導区域の指定候補に当然なり得る。居住誘導区域と浸水想定区域との重複指定を極力避けるべく居住誘導区域の指定の考え方を改めるにしても、市街地形成の成り立ち、居住誘導区域の指定のされ方、さらに水害リスクポテンシャルが都市毎に異なることに留意する必要がある。つまり、浸水想定区域が居住誘導区域に含まれることのみをもって、居住誘導区域の指定のされ方を一律に評価するには大きな飛躍がある。

(2) 居住誘導区域に含まれた浸水想定区域の市街地の現状

浸水想定区域を居住誘導区域内に広く抱える長岡市と三条市を例に、居住

誘導区域を指定する際の基本的な2指標（人口密度と公共交通利便性）を用いた市街地評価から（**図表6-3**）、居住誘導区域内の浸水想定区域の現状を確認する。居住誘導区域内を100mメッシュ単位で分析評価し、両指標を組み合わせて両指標とも最高位となるものをS、両指標とも最低限度の基準を満たすものをA、両指標のいずれかで最低限度の基準を満たすものをDもしくはT、いずれも満たさず市街地評価が最も低いものをXとする。また、DとTには補完的指標として、基盤整備済市街地（u）と都市機能誘導区域指定地（i）を、いずれにも重複しない場合は（n）を付加する。

図表6-3　居住誘導区域内の市街地評価の考え方

公共交通利便性※				
バス6.0本以上	T			S
バス3.0本以上	T (i + u)	A		
バス1.0本以上 or 鉄道利用圏	T (i or u) T (n)			
上記以外	X	D (i + u)、	D (i or u)、	D (n)
線引き	<40人/ha	40人/ha≦	60人/ha≦	80人/ha≦
非線引き	<30人/ha	30人/ha≦		40人/ha≦
		人口密度		

【凡例】　i：土地区画整理事業区域もしくは地区計画区域、
　　　　　u：都市機能誘導区域、n：i、uとも無し
　　　　　※バス（路面電車を含む）はピーク時間帯1時間あたりの運行本数
出典：梨本ほか（2022）

①長岡市

市内の市街地は信濃川を挟んで東西に分かれており、長岡駅のある右岸側は戦前からある城下町、左岸側は昭和40年代以降に新たに形成された市街地である。同市は、厳格な要件に従い居住誘導区域を指定したことで、居住誘導区域を限定指定（居住誘導区域指定割合55％）したが、市街地のほとんどが信濃川をはじめとする浸水想定区域となることから、想定浸水深に関係なく

あえて浸水想定区域を除外していない。その結果、I／Rは89％とI／Uより約20％上回る。ただ、居住誘導区域を限定指定したことで、市街地評価はA（100mメッシュ単位で1,009メッシュ、居住誘導区域全体の44％、以下同様）が突出して最大であり、次いで人口密度40人／ha未満の公共交通利便性のあるT（762メッシュ、33％）で占められる[14]。一方で、Xはごく僅か（153メッシュ、7％）しかないことからも、居住誘導区域全体は市街地評価の高い区域に絞り指定されたことが裏付けられる。

　この市街地評価を洪水ハザード指標となる浸水想定区域とで複合評価すると、いずれの市街地評価でも浸水想定区域割合は8割を超え、X以外で想定浸水深2m以上もしくは浸水実績のある市街地は、A、T（i or u）、D（n）のそれぞれの市街地評価で4割以上を占める。つまり、居住誘導区域のほとんどが市街地評価の高い市街地でありながらも、その多くが浸水想定区域であり、さらには浸水ポテンシャルの高い中心市街地も含まれるため、居住誘導区域からの除外は事実上困難かつ不適当であったことがうかがえる。

②三条市

　長岡市と同じく同市も信濃川下流域にあり、信濃川と分離した河川となる中之口川の他、信濃川右岸側には信濃川に流れ込む中規模河川の五十嵐川が市街地を南北に区分している。信濃川右岸側は旧市街地とその周辺に形成された郊外住宅地、信濃川と中之口川に挟まれた市街地は新幹線駅の設置にあわせて形成された新市街地となる。同市は、工業専用地域と一部工業地域のみをその指定対象から除外したことで、用途地域の大半が居住誘導区域となる（居住誘導区域指定割合98％）。長岡市と同様に用途地域内の大半が浸水想定区域であるが、用途地域と同規模の居住誘導区域となったため、I／RもI／Uとほぼ同程度の97％と居住誘導区域を限定指定しなかった結果、広大に浸水想定区域を含めるに至る。非線引きであるため、市街地評価では最低限の

---

14)　梨本ほか（2022：771-772）の図3および図5参照。

人口密度を30人／haとして評価するが、それでもXが最大（324メッシュ、居住誘導区域全体の23%）であり、居住誘導区域内側の縁以外にもまとまった規模での存在を確認できる[15]。洪水ハザード指標との複合評価では、全ての市街地評価で大半が浸水想定区域となり、最も多いXの52/324メッシュが想定浸水深2m以上、さらに2004年の新潟・福島豪雨等で五十嵐川左岸を中心に広く浸水したことで、187/324メッシュが浸水実績地（うち68メッシュが複数回浸水）となる。含まれた浸水想定区域の86%が避難所圏内にあるが、Xで想定浸水深2m以上が集積する避難所圏外の地区では周辺も含めて生活利便施設の集積は乏しい。

3 水害リスクと共存する居住誘導区域とその施策のあり方

　以上の両市での評価から言えることは、居住誘導区域内に浸水想定区域を広く含んでいることは共通しているが、その含まれる浸水想定区域の市街地特性は大きく異なる点である。三条市の居住誘導区域は、ハザードの指標を無視したとしても居住誘導区域とすることの妥当性に疑問符がつくような範囲を広く抱えるため、防災指針の策定とあわせた立地適正化計画の改定では居住誘導区域の見直しを積極的に検討する余地があろう。

　一方で長岡市は、浸水想定区域を居住誘導区域から除外することを想定し得ない典型都市であり、ハザード以外の指標を除けば明らかに居住誘導区域として指定する以外の方向性は考えられない。これは長岡市に限らず、居住誘導区域指定割合が低いにもかかわらず、居住誘導区域内に含まれる浸水想定区域の割合が市街化区域と比した場合よりも高い、あるいはほぼ同程度の都市でも同様である。日本都市センターが実施したアンケート調査[16]でも、

---

15) 梨本ほか（2022：772）の図4、図5参照。
16) 日本都市センターアンケート2023 Q20参照。

浸水想定区域を最初から誘導区域外としない都市自治体や、都市機能や人口集積状況からやむを得ない場所に限り浸水想定区域を誘導区域に含める都市も多い。したがって、市街地評価が高い場所がハザード区域となることで高リスクの居住誘導区域を抱える市では、そこでの住まい方や市街地形成の仕方の方がむしろ重要であり、防災指針で掲げられた方針とその実効性が問われることになろう。

防災指針では、河道掘削、築堤など河川整備事業に代表される「ハード対策」、避難所・避難ルートの整備や自治防災力の強化などの「避難対策」、さらには地区計画制度などによる建築制限や浸水対策を施した住宅建設の支援など主に住宅都市政策部門が取り組む「まちづくり対策」の主として3種類の対策を位置づけることになる。だた、河川整備事業に代表されるハード対策はあくまで河川管理者（主として国・都道府県）が取り組む対策であるため、立地適正化計画を策定する基礎自治体自らで効果的なハード対策を防災指針に定めるには限界がある。日本都市センターが実施したアンケート調査[17]でも、既存のハード対策や従来の避難対策がほとんどであるため、地域防災計画等で掲げられていた既存の対策を拾い上げて羅列する防災指針となっている現状がある。そのため、河川管理者や市民、さらには民間事業者に対策を委ねるのではなく、また既存の防災対策を復唱するような防災指針とならないよう、立地適正化制度と関連づけた対策を最低限検討する必要がある。

この関連づけた対策の一案として、まちづくり対策として例えば流域治水関連法で拡充された地区計画制度（居室床面の高さの最低限度の新設など）を防災指針に位置づけることも想定される。また、防災指針の策定を契機に居住誘導区域内での浸水対策を個人に対する補助事業として新たに創設した自治体もあり[18]、こうしたまちづくり対策は誘導施策と水害リスク対策を結びつけ

---

17) 日本都市センターアンケート2023 Q21参照
18) 広島県海田町では、立地適正化計画の防災指針に基づき、住宅・建築物等の防災機能の強化を図ることを目的に、浸水リスクのある地域において、一定の条件に基づき止水板の購入又は設置工事に要した費用の一部を補助（2023年度より）。

た対策の一事例とも言えよう。このほか、立地適正化計画では目標値を定めることで計画の実効性を確保する体制もとられているが、これも地域防災計画で定めているような全市的な目標値をそのまま採用するよりは、居住誘導区域（場合によっては高リスク評価となった特定の居住誘導区域）と関連づけた目標値を採用することが望まれよう。

第4節 総括――市街地部での都市計画による水害リスク対応の論点

　本章では、法定土地利用計画制度としての基盤となる都市計画による水害リスク対応に着目し、市街地編として区域区分制度と立地適正化計画制度を通じて、水害リスクを考慮した土地利用計画について論じてきた。水害多発時代において都市計画の枠組みの中に流域治水の原則を組み込むことは、リスク対応の都市計画を全国的に広く浸透させる意味で、また「都市計画」としての合意形成を経て取り組まれるという点とその運用から見てもその意義は大きい。流域治水関連法により「浸水被害防止区域」が新たに制度化したことで関係法令がさらに改正され、同区域を含む市街化区域の指定は原則不可となり、また水害リスクに対応した市街地形成を促すべく地区計画制度の拡充も図られている。市街化区域から浸水想定区域を直接排除する区域区分制度は具備されていないが、コンパクトシティ政策を制度的に実現する立地適正化計画では、浸水想定区域の存在を前提とした誘導区域の指定を試みることはできる。ただし、都市計画による水害リスク対応には、以下のような課題が残され、また議論の余地がある。

　居住誘導区域は文字どおり政策的に居住誘導を図る区域であり、その区域

第4節　総括——市街地部での都市計画による水害リスク対応の論点

内での水害リスクを避けるために同区域から予め浸水想定区域を除外することは、制度設計上の誰もが肯定する基本的原則である。災害リスクを有する場所が、生活するために必要なインフラやサービスを将来維持できなくなる平時のリスクも抱えている場所でもあれば、その場所を対象外として定住施策を図ることは、流域治水政策、コンパクトシティ政策とも目指す方向が一致するため、この点について言えば両政策間の親和性がある。一方で、市街地評価の高い居住誘導区域内に浸水想定区域を広く抱える都市も複数存在するという本章で指摘した事実を見過ごすと、コンパクトシティ政策が本来求めていることと乖離した政策判断をすることにもなりかねない。立地適正化計画制度によって、居住機能とそれを拠りどころに配置された各種都市機能（公共施設に限らず商業施設など民間によるサービス提供施設の他、都市内移動手段である公共交通を含む）を維持することは、人口減少高齢化などを背景に持続可能な都市構造を構築していく上で、地方都市では特に必要な制度手法となっている。その一方で、維持すべきこれら機能が浸水想定区域に既に集積している都市では、居住誘導区域から浸水想定区域を除外することの合理性を見出すことはできない。つまり、浸水想定区域での政策誘導を避けてリスク回避するという意味では、立地適正化計画と流域治水は整合するが、コンパクトシティ政策としての立地適正化計画が求める政策意図と必ずしも親和性あるとは言い難い現状がある。

　この親和性問題に対しては、立地適正化計画制度の中に新たに盛り込まれた防災指針が問題解決に向けたひとつの答えになり得ると考えられる。持続可能な都市運営と水害リスクとを天秤にかけて、自治体は総合的な政策的判断を防災指針上に示すことになる。想定浸水深が深い、多頻度浸水など高リスクと評価されても居住誘導区域として存置する判断を示すのであれば、リスクを低減させる仕組みを充実させることになるだろう。ただ、防災指針中に盛り込まれる対策の多くは同計画を策定する自治体自らで行う避難対策が中心とならざるを得ない。それも地域防災計画等にある既存の対策を列挙するだけでは、防災指針としての存在意義が問われることになる。河川整備事

業などのハード対策もこの防災指針で盛り込むことになるが、ハード対策の事業主体は主として国や県（河川管理者）が中心となるため、都市計画と河川整備の部門間の連携や調整が極めて重要になる。人口減少、高齢化により都市の利用構造が変容する（人口密度とその分布、居住者の特性などが変化していく）ことは避けられないため、既存のハード対策の延長ではなく、立地適正化計画の存在や防災指針の策定を受けた河川管理者側の対応も再検討されるべきであろう。

引用・参考文献

- 永末圭佑、山崎潤也、似内遼一、真鍋陸太郎、村山顕人（2023）「人口減少・災害リスクに対応した逆線引きの実態と課題」都市計画論文集58-3号、1203-1210頁
- 梨本丈一郎、松川寿也、中出文平（2022）「居住誘導浸水想定区域の市街地特性の評価と対応策に関する研究」都市計画論文集57-3号、768-775頁
- 蕨裕美、松川寿也、中出文平、樋口秀（2019）「市街化区域と災害リスク区域の関係に関する研究 当初決定とその後の拡大に着目して」都市計画論文集54-3号、931-937頁

（松川　寿也）

第7章

都市計画制限による流域治水の実践と取組み（農村部編）

第7章 都市計画制限による流域治水の実践と取組み（農村部編）

第1節

農村部での都市計画制限による流域治水対応

　前章では、法定土地利用計画制度による水害リスク対応として、区域区分制度と立地適正化計画制度という2つの都市計画手法を素材としてその論点を提示した。本章では、前者の制度に実効性を確保するための規制制度である「開発許可制度」を取り上げ、前章で着目した市街地部ではなく農村部で生じる個別の開発、建築行為のコントロールにおける水害リスク対応について検討したい。

　滋賀県（第2章・第5章）や伊豆市（第5章）などの自主条例による取組みと、本章で取り上げる開発許可制度を比較すると、拘束力や総合性という観点ではアプローチが異なるものの、自治体の意思として、個別の開発や建築行為の可否を判断する仕組みは共通しており、どちらの制度手法による取組みも「水害多発時代」と言われる昨今において重要であることは言うまでもない。また、開発許可制度は都市計画法で定める制限であるため、前章で取り上げた法定土地利用計画制度であるという点も当然共通している。防災・減災対策に限らず、自主条例による取組みは、自治体自らが自らに見合った制度を構築し、自らの責任でそれを運用していくという利点を有するが、法令を根拠として防災・減災の試みを全国の都市自治体に広く進展、定着させていくことも大きな役割である。自治体自らの創造力、制度設計力、さらにはその運用能力に限界がある以上、制度運用時の最低ラインの要求水準や考え方を関係法令などで予め示しておくことも当然否定されるべきではない。

　以上を踏まえて、本章では前章に引き続き法定土地利用計画制度によるリスク対策に焦点をあてるが、都市近郊の農村部で適用される開発許可制度を

緩和する条例（以下、「開発許可条例」[1]という）に着目し、筆者らの既往研究（松川2012・2014・2023）での知見を引用しながら、各自治体での取組みの考え方や実践例を述べたい。前段の節では、開発許可条例とその運用時の水害リスク対応の仕組みを整理した上で、開発許可条例制度化初期のリスク対応の現状と実践例を紹介する。後段の節では、開発許可制度での水害リスク対策を全国的に導入するきっかけとなった2020年の改正都市再生特別措置法を受けた現状を検討する。

第2節　開発許可条例制度化初期での水害リスクの捉え方とリスク対応の実践

1　開発許可条例と同条例運用時のハザード区域の扱い

（1）　市街化調整区域での開発許可制度としての開発許可条例

　前章では区域区分制度を取り上げたが、同制度により指定される市街化調整区域は原則市街化を抑制するとされているため、同区域では開発許可制度による厳格な都市計画制限が適用される。とは言え、農家の分家住宅や農村集落に居住する住民向けのサービスを提供する施設など一部を許容する必要があるため、開発許可制度の立地基準（都市計画法第34条各号）に該当する場合に限り、開発許可権者（都道府県もしくは施行時特例市以上の自治体、都道府県からその事務を移譲された市町村）の許可を経てこれら施設の立地が例外的に認められている。同制度は区域区分制度が制度化した時と同じく1968年の

---

[1] 都市計画法第34条第1項第11号及び第12号、同施行令第36条第1項第3号ハで定める条例。

新都市計画法施行当初から定められ、農地転用など土地の区画形質の変更を伴い建築される開発行為にとどまらず、一般的な建築や既存建築物の用途変更（以下、「建築行為」という）にも適用される。

　開発許可制度は制度化後も度々制度改正を繰り返してきたが、同制度の最も大きな転換点となったのが2000年の法改正であった。同年の法改正では、前章で取り上げた区域区分制度が選択制となったことで、地方都市を中心に区域区分が義務化されなくなったため、線引きをせずに市街化調整区域を指定しない都市（いわゆる非線引き都市）の存在が肯定されるようになった他、一部の地方都市では区域区分制度を廃止する試みもされた。一方で、既存の線引き都市の多くは同法改正後も引き続き区域区分制度を継続することになるが、集落活力を維持するために市街化調整区域での規制緩和を望む声は従前からある。そこで、同法改正の前年度に施行された地方分権一括法を受けて、法律が条例に委任した内容を定める条例（委任条例）を制定することで、市街化調整区域での制限を一部緩和できる基準が開発許可制度の立地基準に盛り込まれた。この委任条例は、同法第34条第11号、第12号で規定されていることから俗に3411条例、3412条例とも呼ばれている。市街化調整区域で開発許可事務を執り行う自治体が制定するこの委任条例に基づき、例外的に開発、建築行為を許容する区域及び建築物用途を定めることで、市街化調整区域の開発、建築制限は限定的に緩和される。緩和する区域は前述の条例の呼称から、それぞれ3411区域、3412区域、両区域の総称として条例区域とも呼ばれ、既存集落の他、開発許可権者たる自治体が必要であると認めた区域で両区域が指定されている。特に3411条例では、3412条例で許容される「開発区域の周辺における市街化を促進するおそれがないと認められ、かつ、市街化区域内において行うことが困難又は著しく不適当と認められる開発行為」であるか否かを問わず、「環境の保全上支障があると認められる用途」でなければ許容されるため、分譲や共同住宅、小規模店舗といった市街化区域内でも一般的にみられる施設が市街化調整区域であっても容易に立地が可能である。したがって本節では、この3411条例に着目し、開発許可条例の制度化初

期段階での災害リスク対応とその実践例について紹介したい。

(2) 開発許可条例制度化初期でのハザード区域に対する制度上の扱い

　前章では開発建築行為の誘導エリアとなる市街化区域や居住誘導区域に関する論点を述べたが、条例区域が開発許可制度を緩和する区域であることを踏まえると、非誘導エリアとなる市街化調整区域にもある意味で類似する誘導エリアが存在すると言える。日本都市センターが実施したアンケート調査[2])では、市街化区域以上に市街化調整区域の方が浸水ハザードを多く含むと回答されていることからも、開発許可条例を活用して市街化調整区域での開発規制緩和を試みるのであれば、市街化区域以上にこの都市計画基準の遵守徹底が求められる。

　条例区域は開発許可条例という委任条例に従って指定されるため、同条例自体は自治体自らの解釈で運用されるものであるが、法令や国の指針である開発許可制度運用指針に従って同区域が指定される。3411区域を例とすれば、同法で定める「市街化区域に隣接し、又は近接し、かつ、自然的社会的諸条件から市街化区域と一体的な日常生活圏を構成していると認められる地域であっておおむね50以上の建築物が連たんしている地域」であることが指定の前提条件となる。さらに開発許可条例が制度化した当初から、条例区域も新市街地として指定する市街化区域と同じく、都市計画基準に従い都市計画法の政令で「溢水、湛水、津波、高潮等による災害の発生のおそれのある土地の区域」を含めないことを規定しており、この都市計画基準を条例区域にも適用することで、規制緩和するにしても災害リスク低減を求める法体系が構築されていた。しかし、区域区分制度と同様に、開発許可条例が制度化した初期の段階では具体的なハザード区域を規定していたわけではない。都市計画法第33条で定める技術基準中に明記されたハザード区域以外は、開発許可

---

2) 日本都市センターアンケート2023 Q18参照。

第7章　都市計画制限による流域治水の実践と取組み（農村部編）

制度運用指針ですらもその区域を具体的に明記していなかった[3]。

2　3411条例運用に際しての災害リスクの捉え方

　では、開発許可条例での水害リスク対応に関する具体的規定が定めれていなかった当時（2020年の改正都市再生特別措置法以前）の段階で、3411区域に含めるべきでないとされたハザード区域の捉え方について述べる。当時、3411条例を制定していた127自治体に対して筆者が行ったアンケート調査[4]を検討素材とする。

(1)　ハザード区域に関する開発許可条例指針等での規定状況

　3411条例とその規則、あるいは自治体自らで定める開発許可制度運用の指針（以下、「開発許可条例指針等」という）上で都市計画基準で定めるハザード区域を具体的に規定している自治体は108中43であり、半数以上の自治体では、3411区域からハザード区域を除外する根拠規定が存在しない。開発許可条例指針等で具体的に規定されたハザード区域の内訳を見ると、旧河道や災害実績地等の法的根拠の乏しい区域は一般的かつ潜在的に災害発生の可能性が高い領域と言われているが、その規定実績は少ない反面、**図表7-1**の①災害危険区域、③急傾斜地崩壊危険区域、④地すべり防止区域、⑥土砂災害特別警戒区域といった開発許可技術基準（以下、「技術基準」という）で明示され

---

3) 2020年の改正都市再生特別措置を受けた国土交通省からの技術的助言が発令される以前までは、開発許可制度運用指針の改定（2011年9月）で土砂災害防止法との調整を求める規定を追記していた。
4) 市街化調整区域での開発許可権限を有する都道府県、及び5年以上の開発許可権限を有し（開発許可事務の蓄積を考慮）かつ2012年4月時点で3411条例を持つ事務処理市町村の計127自治体のうち、3411条例の廃止や3411区域の指定実績がないと判明した8自治体を除く開発許可担当部局に対し、同年10月にアンケート調査を実施（回収率112/119＝94％）。あわせて、3411条例運用時に都市計画基準で定める区域を具体的に規定した開発許可条例指針等を収集・確認した。なお、「津波防災地域づくりに関する法律（2011年12月）」制定後間もないことから、津波災害警戒区域等の津波関連区域は、本アンケートの分析対象から除外した。

た「行為自体を直接規制する区域」[5]が多く、他法令で法的根拠のある区域を規定する傾向がうかがえる(**図表7-1**)。ただ、法的根拠のある区域でも、前述の4区域以外には砂防指定地を除いて[6]都市計画基準で定めるハザード区域として規定する自治体は少なく、特に水防法を根拠として災害危険性を周知する⑩浸水想定区域に至っては、1市のみが3411条例規則中に具体的に規定するにとどまっていた。

図表7-1　規定されたハザード区域(N = 113)

①災害危険区域
②宅地造成工事規制区域
③急傾斜地崩壊危険区域
④地すべり防止区域
⑤砂防指定地
⑥土砂災害特別警戒区域
⑦土砂災害警戒区域
⑧河川保全区域
⑨海岸保全区域
⑩浸水想定区域
⑪土砂災害危険箇所
⑫旧湖沼
⑬旧河道
⑭干拓・埋立地
⑮活断層の近傍
⑯その他法令に基づかない危険箇所・区域

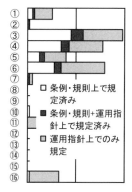

【凡例】斜め文字は同区域の法令で行為を直接規制する区域
出典：松川ほか（2014）

---

5) 都市計画法第33条第1項第8号では、これら4区域を自己居住用以外の開発区域内に含めないことを規定（急傾斜地崩壊危険区域は政令で規定）している。なお、災害危険区域の規定実績が他3区域より大きく下回る理由は、開発許可事務管轄区域内に、同区域が存在しないためと考えられる。
6) 災害の危険性が指摘される区域というよりは、周辺に土砂流出等の被害を生じさせる区域としての性格が強いことから、技術基準に根拠を置かなくとも①③④⑥の4区域と同位に捉えられていると考えられる。

(2) 開発許可条例指針等で規定されていないハザード区域の扱い

　開発許可条例指針[7]等で具体的に規定していない区域を、実際の3411条例運用時に都市計画基準で定めるハザード区域として想定するかとの問いに対しても同様に技術基準で明記された４区域とする傾向がうかがえ(**図表7-2**)[8]、具体的に規定せずとも運用上で対応している自治体も見られる。ただ、これら４区域をも都市計画基準で定めるハザード区域として想定しない自治体もあり、さらに、法令を根拠としない旧河道、活断層の近傍等も、前節と同様にハザード区域として想定していない自治体がほとんどである。後者のハザード区域は、「法令に拠らない領域であること」、「災害の及ぶ範囲の想定・画定が困難であること」等、根拠法令のないハザード区域での災害自体に不確定要素があるため、これら区域を都市計画基準で含めるべきでないとされたハザード区域として想定することを難しくしている。ただ、ここでも注目すべきは、前述の開発許可条例指針等と同じく、法令に基づき災害危険性を告示する区域であっても、都市計画基準で定めるハザード区域と想定しない区域があり、特に⑩浸水想定区域は災害危険性が一般に広く認識されつつも、そもそも都市計画基準で定めるハザード区域に該当しないとの判断（49自治体）が多数を占める。さらに、浸水想定区域は都市計画基準で定めるハザード区域とするには不都合なため除外対象としないとの回答が１／４程度（18自治体）あり、同じく災害危険性を指摘するにとどまる⑦土砂災害警戒区域より多い。この理由として、浸水想定区域が「市街化調整区域の過半で指定された」、「市街化区域や既存集落でも指定され合理的な説明ができない」、「あくまで危険性を周知する区域に過ぎない」こと等を挙げている。

---

7) 開発許可制度運用指針など国土交通省都市局が定める指針以外にも、開発許可事務を執り行う自治体では自らが定めた運用指針や運用手引きなどが策定されている。
8) 都市計画区域内に当該区域が存在しないと回答した自治体と、全ての区域を無回答とした自治体を分析対象から除外した他、土砂流出を防備する区域でもある保安林は、都市計画法施行令第８条第１項第２号ニの区域「優れた自然の風景を維持し、都市の環境を保持し、水源を涵養し、…」として捉え得る区域でもあるため分析項目から除外。

図表7-2　3411条例運用時に想定するハザード区域(N=101)

①災害危険区域
②宅地造成工事規制区域
③急傾斜地崩壊危険区域
④地すべり防止区域
⑤砂防指定地
⑥土砂災害特別警戒区域
⑦土砂災害警戒区域
⑧河川保全区域
⑨海岸保全区域
⑩浸水想定区域
⑪土砂災害危険箇所
⑫旧湖沼
⑬旧河道
⑭干拓・埋立地
⑮活断層の近傍
⑯その他法令に基づかない危険箇所・区域

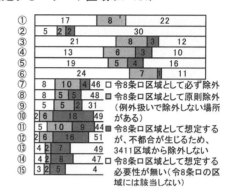

斜め文字は同区域の法令で行為を直接規制する区域
出典：松川ほか（2014）

3　水害リスクに対応した開発許可条例の萌芽的実践

　浸水想定区域の告示に代表されるように危険性が想定される領域を法的に画定しても、開発許可条例指針等あるいは運用上のいずれも都市計画基準で定めるハザード区域としての想定に踏み込めない現状がある。しかし、だからといってこの現状を放置していては、規制緩和により新たに市街化した住宅地などで浸水被害が起きることは容易に想定され、人命にかかわる被害には至らずとも実際に条例区域内で許可された新規住宅地での浸水被害も報告されている[9]。また、3411条例により許可された分譲地が常襲的に浸水する地区であり、豪雨時にはこの分譲地を購入した住民から度々苦情が寄せられている現状を踏まえて、浸透マス設置に対する補助金制度を検討する都市もある。

　そのため、水害リスクが想定される場所で開発、建築規制の緩和を試みる

---

9)　報告の詳細は、日本都市センター研究会報告書（2018）『都市自治体による持続可能なモビリティ政策―まちづくり・公共交通・ICT―』での著者の担当章を参照されたい。

と、実際の被害（被災後の復興も含む）だけでなく、浸水対策に要する新たな財政負担を強いられる可能性も指摘される他、市民や事業者から見れば条例区域はある意味で行政が開発、建築のお墨付きを与えているエリアとして捉えられる場合もあるため、水害リスクを踏まえた開発許可制度として制度改正することが求められる。この制度改正の取組みは、改正都市再生特別措置法（2020年）を受けた次節で述べる国の技術的助言によって全国的に普及、定着していくことになるが、その技術的助言が発令される以前からも自治体独自の考え方や創意工夫によりリスク対応の開発許可制度が試みられていた。ここでは、その萌芽的実践例の一部を紹介したい。

(1) 水害常襲地での開発抑制方策（東広島市）

　当初の3411条例は、県が制定した条例により市街化区域と一体的な日常生活圏を構成する3411区域を文言指定して制限緩和が試みられていた。これにより中心市街地近くに広がる旧西条町水田地帯で分譲住宅やアパート開発が相次いで許可された。当該地は、市街化区域に指定されている周辺より低い地形であるため、過去にも幾度と浸水した実績があり浸水想定区域も当然指定されている[10]。

10）　松川ほか（2014：462）の図6参照。

第2節　開発許可条例制度化初期での水害リスクの捉え方とリスク対応の実践

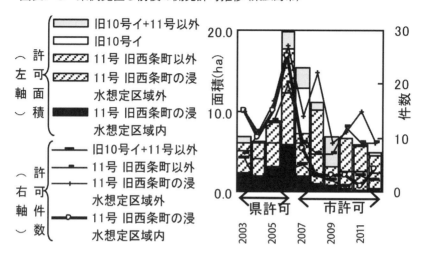

図表7-3　条例見直し前後の開発許可推移（東広島市）

出典：松川ほか（2014）

　3411条例による開発が増加する中で、前述の浸水被害の他にも、狭隘道路での交通問題に関する住民からの苦情が相次ぎ、2006年9月議会に要望書が提出されたことを受けて、その対応が求められた。条例見直し作業とほぼ同時期に浸水想定区域が当該地区で指定されたが、実務面から考えて浸水想定区域の存在のみを理由として3411区域から除外することはできないため、市は別途課題になっていた3411区域内の狭隘道路の解消のみに対処することになる。当時運用していた県条例では、一般的要件として開発区域の幅員4m以上道路への接続を求める規定にとどめたことで、比較的狭隘な道路のみに接続する無秩序な市街化を誘発するに至ったため、平成19年からの市条例への移行を契機として道路接続要件を幅員6mに強化した。これにより、市条例制定後は開発が大きく減少し、旧西条町の浸水想定区域内での3411条例による開発許可も当該地区以外と比較して大きく低下している（**図表7-3**）[11]。同

11）　松川ほか（2014：461）に示す図5でカラーの図表を記載。

第7章　都市計画制限による流域治水の実践と取組み（農村部編）

市の取組みは、狭隘道路対策としての許可基準の見直しが、水害対策としての事前防災の役割も果たした事例と言えよう[12]。

(2)　水害ハザード区域を条例区域から排除（加須市、船橋市）

　加須市も県が制定した3411条例によって、当初は市街化調整区域の広い範囲に3411区域が指定されていた都市である。その後、県が人口減少、高齢化を踏まえて、都市機能をコンパクトに集積するまちづくりを進めるため、県内一斉に3411区域の見直しに取り組むことになり、既に開発許可権限を県から移譲されていた同市もその一環で区域見直しに着手した。

　3411区域の県の指定運用方針では、3411区域を大幅に縮小することを前提に、同市の指定運用方針でも都市施設の区域にとどまらず道路等の基盤整備状況や一団の農地の存在などを厳密に考慮した方針を想定していたが、同市は近隣市町と異なり、農振農用地に依存した区域指定でなかったことなどを理由に、当初指定時から妥当な範囲で区域指定されていたとの認識から、近隣市ほどの大幅な区域縮小には至らなかった。ただ、同市の運用方針では、「災害等が懸念され除外すべき必要がある区域」を3411区域から除外すべき土地の要件としており、都市計画基準で定めるハザード区域に関する基準を市の方針としてあえて規定している。当時の開発許可制度運用指針や県の指定運用方針でもこの区域に相当する区域について具体的な記載は当然されていないが、同市は県が2006年から制定している自主条例「雨水流出抑制施設の設置等に関する条例」で知事が指定する「湛水想定区域」が相当するとして、洪水想定区域を除外する3411区域の見直しを2011年1月に完了させている。湛水想定区域では、同条例により1 ha以上の開発行為等で盛土をする場合は知事への届出に加えて雨水流出抑制施設を設置する必要がある一方で、この

---

12)　当該地区は浸水想定区域指定後も特定保留区域の指定が継続された経緯から現在は市街化区域に編入されている。基盤整備手法とした地区計画の目的に「……豪雨時の浸水被害の懼れも高まっている。そのため、……安全性の向上に資する都市基盤を適切に配置する」と明記していることからも、市街化区域編入後の現在も水害対策が重要な地区となっている。

第2節　開発許可条例制度化初期での水害リスクの捉え方とリスク対応の実践

区域自体は開発行為自体を制限するものではない。ただ、雨水流出抑制施設の設置を要する区域は、豪雨時の雨水湛水が生じるリスクがあると捉えることで、同条例に基づく開発行為の届出が新たに見込まれる未開発地の湛水想定区域を中心に3411区域から除外した（**図表7-4**）。

図表7-4　3411区域から除外した湛水想定区域（加須市）

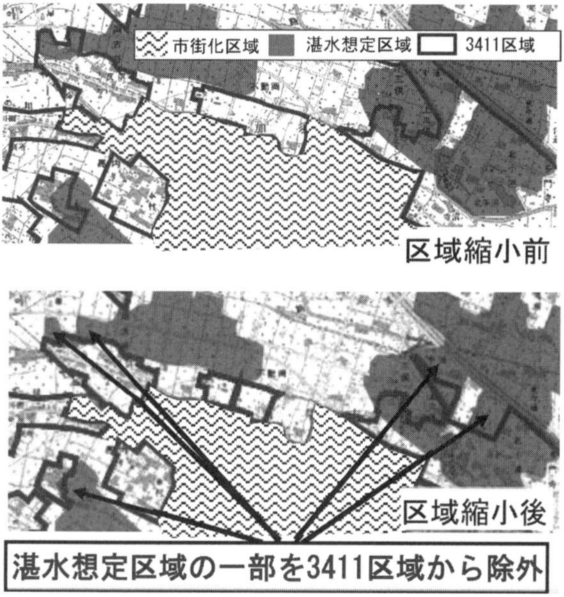

出典：松川ほか（2012）に筆者加筆。

　こうした3411区域から水害リスクが想定される区域を面的に除外する取組みは当時非常に稀であったが、船橋市も面的除外による水害リスク対応の開発許可条例の見直しを実施している。同市の場合は自主条例等に基づく自治体独自のハザード区域ではなく、水防法で定める浸水想定区域を都市計画基準で定めるハザード区域として開発許可条例の施行規則の中に明記している。同市の3411区域は加須市と異なり区域を地形地物で明確に区分して指定する方式を採用せず、かつ浸水想定区域も当時の浸水想定区域指定マニュアルに

従ってメッシュで明示されていたが、同市の開発許可担当部局において浸水想定区域に想定する区域を地形地物で地図上に画定させ、その画定された区域を窓口で明示することで、3411条例による開発許可申請の可否を申請者に説明できる体制を整えている。浸水想定区域を3411区域から除外するとした条例規則改正後の経過措置や、「市の河川計画に支障をきたさないと判断されたもの[13]を除く」との但し書きが適用された場合は浸水想定区域内でも許可されるため、開発許可の完全抑制には至っていないが、条例規則改正後の浸水想定区域内の年間あたりの許可件数は減少している[14]。

4 開発許可条例の運用改善による水害リスク対応とその課題

水害リスクに対応した前述の開発許可制度の見直しは、その対応自体は評価されるものの水害対策が直接の契機ではない。東広島市の場合は狭隘道路の解消対策、加須市の場合は全県下で推進されていたコンパクトシティ政策との兼ね合い、船橋市の場合は急増した市街化調整区域での開発抑制が条例改正の主たる動機であり、それに付随して水害リスク対策が試みられた。換言すれば、これら主たる動機がなければ、事前防災としての開発許可制度の設計がされたかは断言できない。リスクに対応した開発許可制度設計を求めるのであれば、受動的な取組みであってもやはり次項で題材とする法改正や国としての一定の基準を示すことが必要不可欠であろう。

ただし、リスク対応のために開発許可制度の見直しを求める一定の基準が法制度の下で示されたとしても、地理的条件や自治体によって異なる開発許可条例の運用形態といった地域個別の実情の中で実現させていくことにも課

---

13) 既定の河川改修工事により、申請地での水害リスクが将来回避される場合、あるいは申請地が浸水想定区域の当該河川の護岸高を上回る場合は、その但し書きの規定を適用することで例外扱いで許可。
14) 松川ほか（2014：463）の図8凡例を参照。

題がある。次節で述べる国の技術的助言が発令される以前から浸水想定区域を3411区域から除外していた船橋市の場合は、市内の市街化調整区域内に浸水想定区域が限られていたこと、また加須市で水害リスク対応の開発行為を事業者に求めていた自主条例が既に適用されていたことは、リスク対応の取組みを容易に実現させた一要因とも言えよう。リスク対応を主目的とした開発許可制度見直しの全国的な取組みの実態については、次節の都市再生特措法等の改正を受けた対応にて触れたい。

第3節 都市再生特措法等の改正に伴う開発許可制度の見直し

　防災指針の制度化を盛り込んだ都市再生特措法の改正（2020年）とともに都市計画法も改正され、水害リスクに対応した開発許可制度が2022年度から全面施行されている。この主な見直しは、都市計画区域全域を対象に災害レッドゾーンでの行為を原則不許可とする他、市街化調整区域では災害イエローゾーンも含めた許可基準の厳格化であり、後者の厳格化は前節で述べた開発許可条例運用時の都市計画基準の扱いが明確でなかったことを受けた対応である。この都市計画法改正では、開発許可条例を定める条項（法第34条第11号及び第12号）中に「……災害の防止その他の事情を考慮して政令で定める基準に従い」との文言を追記した上で、市街化区域指定の基準として政令で定めていた従来の都市計画基準を準用するのではなく、新たに条例区域の指定基準（条例区域に原則含めない区域）を別途規定し、その中で土砂災害警戒区域に加えて浸水想定区域がはじめて具体的に明記された。

　浸水想定区域については、「住民その他の者の生命又は身体に著しい危害が

生ずるおそれがあると認められる土地の区域」が条例区域からの除外対象となることから、2021年4月に発令された国土交通省が定める技術的助言[15]において、想定浸水深3.0m以上の浸水想定区域（想定最大規模）を目安に除外対象とすることを定めている。また同時に、技術的助言では条例区域からこれら浸水想定区域を除外することで、社会経済活動等に著しく支障をきたす場合は、確実な避難や安全上の対策を考慮して対応することを求めている。そのため、浸水想定区域の扱いについての具体的な対応では、自治体の裁量に任せて地域の実情に応じた解釈、制度設計が可能となっている。本章では、水害リスク対応のために開発許可制度の見直しを求める一定の基準が本格的にはじめて示された本制度改正に着目し、各自治体での技術的助言を受けた開発許可条例の見直しについて論じたい。

1 技術的助言で定められた内容の解釈

技術的助言が通知された都道府県、政令指定都市、中核市、各施行時特例市のうち、3411条例又は3412条例のいずれか、もしくはその両方の条例を制定している95自治体を対象として、技術的助言を受けた水害リスクに対する開発許可制度見直しの対応状況を、各市の公表資料やアンケート調査[16]等により確認する。一部自治体は技術的助言で除外を求めている浸水想定区域が条例区域内に存在しない等を理由に未対応であるが、95自治体中82の自治体で開発許可条例の見直しが試みられていた。技術的助言で規定された事項のうち、浸水想定区域の除外にかかわる82自治体での解釈について述べる。

---

15) 「都市再生特別措置法等の一部を改正する法律による都市計画法の一部改正に関する安全なまちづくりのための開発許可制度の見直しについて」（令和3年4月1日国都計第176号）
16) 技術的助言の通知先（開発許可事務の全てを移譲された自治体）である都道府県（技術的助言を受けた開発許可制度見直しの方針等を事務処理町村に通知する自治体）、政令指定都市、中核市、施行時特例市の計102自治体（調整区域での開発許可事務を一切担わない自治体を除く）の開発許可担当部局に対して2021年12月2日〜17日にて実施（回収率95/102）。

(1) 想定浸水深の考え方

技術的助言のⅢ. 2. (2) ③ロでは「規則第27条の6第2号の想定浸水深については、一般的な家屋の2階の床面に浸水するおそれがある水深3.0m（想定最大規模）を目安とすること。」と記載されており、前述したように条例区域から除外すべきとする想定浸水深を提示している。

3411条例を定めている自治体では55自治体中51、3412条例では49自治体中46が例外なく3.0m以上の想定浸水深を採用するとしており、条例区域から除外対象とする浸水想定区域の想定浸水深は概ね技術的助言どおりでの対応がされている（図表7-5）。ただ、一部例外対応として、5.0m以上とする対応を試みる自治体もあった他、「ハザードマップにおいて想定浸水深が3.0m以上でも、現地調査によると3.0m未満の浸水想定区域と高低差がない等、実態に合っていない」等として、必ずしも技術的助言が想定する浸水深によらない対応を検討する自治体もある。

図表7-5　条例区域から除外する想定浸水深の考え方

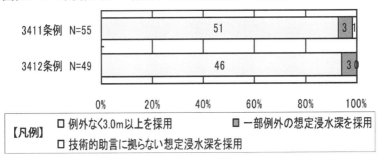

出典：松川（2023）

(2) 確実な避難が可能と判断した存置

技術的助言のⅢ. 2. (2) ③ハⅰ）では「洪水等が発生した場合に水防法第15条第1項に基づき市町村地域防災計画に定められた同項第2号の避難場所への確実な避難が可能な土地の区域」と記載されており、想定浸水深3.0m以

上でも確実な避難が可能な区域であれば、例外的に条例区域内に存置することを認めている。

3411条例では42/53自治体、3412条例では40/50自治体とほとんどの自治体が避難場所への確実な避難が可能と判断して条例区域内に存置した区域はないとする一方で、3411条例で11自治体、3412条例で10自治体において避難が確実にできると判断して想定浸水深3.0m以上の浸水想定区域を条例区域内に存置することを検討していた（**図表7-6**）。避難が確実にできると判断する考え方としては、避難場所からの距離やそこへの避難に要する時間で考える自治体がある他、徳島県等では避難計画書の作成等を条件として想定浸水深3.0m以上でも条例区域内に存置する対応がされている。

図表7-6　避難を考慮した条例区域の存置

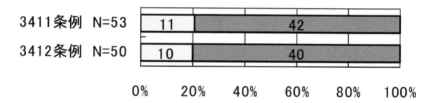

出典：松川（2023）

(3) 安全上の対策を講じることでの存置

技術的助言のⅢ．2．(2) ③ハⅱ）では『開発許可等に際し法第41条第1項の制限又は第79条の条件として安全上及び避難上の対策の実施を求めることとする……土地の区域』であれば、想定浸水深3.0m以上の浸水想定区域でも例外的に条例区域に存置し得ることが記載されている。具体的には、居室床面を想定浸水深以上とする建築構造制限を都市計画法第41条の規定として適用することで、許可された後に建築される建築物の安全性を担保する措置である。

3411条例では9/53自治体、3412条例では10/50自治体で、こうした開発許

可、建築許可時の措置を講じてまで例外的に存置する対応はしないとしている（**図表7-7**）。一方で、建築物の安全性を担保することで想定浸水深3.0m以上の浸水想定区域を存置する自治体もあり、3411条例では6自治体が都市計画法第41条を適用することで存置するとし、例えば徳島県では、河川の浸水想定区域が広域であり、法改正の影響が大きいことを考慮して、「想定浸水深から算出された水位より高い位置に床面の高さがある居室を有する建築物を建築すること」として、開発許可される予定建築物に安全上の対策を講じている。3412条例でも6自治体が同条を適用することで存置するとし、例えば福山市では垂直避難が可能な居室で床面の高さが災害時の想定浸水深以上となるのであれば、住民等の生命又は身体に著しい危害が生ずることはないと考え、「居室の床面の高さが災害時の想定水面の高さ以上となること」を求める方針である。

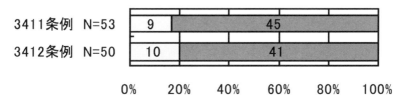

図表7-7　安全上の対策を考慮した条例区域の存置

出典：松川（2023）

　また、3411条例では6自治体、3412条例では7自治体が都市計画法第79条で安全上、避難上の対策を講じるとし、例えば3411条例の運用において検討する鳥取県では、想定浸水深3.0m以上の浸水想定区域で既に地盤面の嵩上げ等により住宅等が建築されている箇所があり、同様の安全対策を行えば住民等の生命又は身体に著しい危害が生ずるおそれはないと判断して、居室の高床化や敷地の地盤面の嵩上げ等を許可基準に定める又は許可の条件とする旨を規定する方針である。3412条例の運用を検討する川越市では、市街化調整区域が広く既存集落等での一定のコミュニティが形成されていること等を踏

まえて、申請地が想定浸水深3.0m以上である場合、同条を適用して安全上・避難上の対策を求めるとしている。

2　技術的助言を受けた開発許可制度の見直し事例

　技術的助言を受けた開発許可制度の見直しが自治体ごとに異なる実態を踏まえて、ここでは想定浸水深3.0m以上の浸水想定区域人口が比較的多い都市[17]から、その見直し内容を紹介する他、見直しが実現した背景についても触れたい。

(1) 安全上の対策、避難の確実性に捉われず想定浸水深3.0m以上の浸水想定区域を除外した都市

① 水戸市

　市内の市街化調整区域の北部には那珂川の浸水想定区域が広く指定されており、また那珂川に合流する涸沼川の浸水想定区域も市東部に一部重複している。同市の3411区域は、「指定区間道路境界線から50mの区域」と「エリア指定区域」の2区分で構成される。両区域とも分譲住宅や共同住宅などの非自己用の住居系開発が許容され、後者の区域は調整区域内に広く指定されている。「指定区間道路境界線から50mの区域」は以前は道路区間を指定せず文言指定により運用されていたが、明確な区域指定を求める技術的助言に従い指定区間道路を事前明示する方式に運用改善、さらに想定浸水深3.0m以上の浸水想定区域上での指定区間道路の重複を避けている。また、「エリア指定区域」の方では、技術的助言を受けて災害レッドゾーンの他、土砂災害警戒区域及び想定浸水深3.0m以上の浸水想定区域を全て3411区域から除外した。さらに、一部では想定浸水深3.0m未満であっても3411区域から除外している。

---

17) 技術的助言の通知先の都市自治体である政令市、中核市、施行時特例市で想定浸水深3.0m以上の浸水想定区域人口が市街化調整区域人口の1割以上かつ1千以上の都市。

条例区域から除外した区域において安全上の対策を予定建築物に求めることで、開発審査会の議を経た許可基準を適用する救済措置を講じている都市も一部あるが、同市は経過措置としての基準を定めるにとどめている。

技術的助言では、社会経済活動等に著しく支障をきたす場合に限り災害イエローゾーンの存置を認めているが、同市はこうした原則外運用はせずに技術的助言が通知された当初から想定浸水深3.0m以上の浸水想定区域を例外なく3411条例区域から除外することを既定事項として検討していた。同市では本制度改正が求めていた災害リスク対応の必要性を認識していたわけではないが、逆に技術的助言が求めることに対しての否定的な認識もなかったため、想定浸水深3.0m以上の浸水想定区域を含めた条例区域からの除外に取り組んでいた。原則どおりの対応ができた要因としては主に以下がその背景にある。

まず、エリア指定区域から除外された想定浸水深3.0m以上の浸水想定区域では、市街化区域南西部等に広範囲に存置された3411区域よりも相対的に開発ニーズが低いことが挙げられる。実際に区域見直し以前における3411条例による開発許可（エリア指定区域としての開発許可）のうち、除外区域での許可は202/2,704件であり、エリア指定区域面積あたりの許可では存置区域で1.70件／haに対して、除外区域は0.63件／haと4割弱程度の実績となる。「指定区間道路境界線から50mの区域」の文言指定廃止についても、災害リスクとは関係なく同市でも従来から問題視されており、立地適正化計画による補助事業である都市構造再編集中支援事業の採択要件[18]を満たす必要があったことがその廃止の主な理由である。また、自己用住宅の開発、建築行為を技術的助言が求めていた制度改正の対象外行為として捉えていた点も、想定浸水深3.0m以上の浸水想定区域の例外なき除外を受け入れたことにつながっている。例えば、既存集落内の自己用住宅の開発、建築行為は、3412条例による基準で許容されているが、ここで定めた「既存集落」を同条例で指定する区

---

18) 立地適正化計画による国の支援事業のひとつであるが、「3411区域を図面や住所等で客観的に明示していない市町村」は、同支援事業の適用対象外とされている。

域として扱わない運用[19]としているため、これら自己用の行為については従来どおりの取扱いとしている。これによって、浸水想定区域を存置する例外として技術的助言が定める「社会経済活動の継続が著しく困難……」となる事態には該当しないという解釈をして当初からの既定事項として条例区域から除外したと言えよう。

このほか、開発許可条例の運用において水害リスク回避を必要としていた積極的理由が特段あったということではないが、同市では2020年の台風19号において那珂川沿いの集落が大規模な浸水被害を受けたことも「例外なき条例区域からの除外」が受け入れられたひとつの背景にあったと推察され、実際に技術的助言を受けた開発許可条例改正に関して審議した市議会でも特段の反対意見は無く改正条例案が審議、成立した。

② 山形市

同市の市街地は奥羽山脈と西部丘陵地に挟まれた山形盆地に形成されている。盆地内には須川、馬見ヶ崎川、立谷川、村山高瀬川といった最上川水系の河川がそれぞれ流れているが、特に須川と馬見ヶ崎川の沿川や、それぞれの支流が最上川に流れ込む市北部の平地において浸水想定区域が広く指定されている。想定浸水深が比較的深い地域は、市街化区域ではなく市域の西側を縦貫する河川沿いの水田地帯や集落に広がっている。開発許可条例による制限緩和は、2002年に3411区域の「市街化区域隣接区域」が当初指定されたが当時はその区域の名称どおり市街化区域に隣接する4地区に限り指定していた。しかし、その後に市街化調整区域の建築制限を大きく緩和することになり、2017年に3411区域の一部拡大に加えて、宅地分譲開発も許容する3412区域の既存集落区域をほとんどの集落で指定、さらには共同住宅の立地も可

---

[19] 同市の3412条例で定める既存集落内の自己用住宅の許可基準は、茨城県の条例を踏襲したものであり、該当する市内の集落名称を予め明記する方式で運用されている。県としては、「既存集落」は同条例で定める区域として解釈せず、「既存集落内の自己用住宅」というひとつの用途と捉え、あくまで予定建築物用途のみを同条例で定める基準としていることが確認されている。

第3節　都市再生特措法等の改正に伴う開発許可制度の見直し

能とする拠点集落区域も既存集落区域に重複指定させている。2017年見直し後の3411区域は依然として市街化区域縁辺に限定していたため、想定浸水深3.0m以上の浸水想定区域はほぼ存在せず、技術的助言を受けた開発許可制度の見直しでは土砂災害警戒区域からの除外のみの対応にとどめることができた。一方で、3412区域の方では広範囲な指定が裏目に出て想定浸水深3.0m以上の浸水想定区域を含むこととなり技術的助言を受けた対応が求められた。同市も水戸市と同様に安全上の対策、避難の確実性にとらわれず想定浸水深3.0m以上の浸水想定区域を例外なく条例区域から除外することとし、条例区域と重なる想定浸水深3.0m以上の浸水想定区域は条例区域外として扱う形で開発許可条例を運用している。

　同市は技術的助言が想定した例外的対応を根拠に、想定浸水深3.0m以上でも条例区域内に存置する手法を認識していたが、その例外的対応である「安全上の対策、避難の確実性」を考慮した浸水想定区域の存置については否定的であった。その理由として、避難する住民の年齢や世帯属性が多様であり一概に判断することは不適切であるため、避難場所からの位置関係（他自治体が採用している避難場所からの距離）のみで確実な避難を判断できないことが挙げられる。許可申請手続き時に避難行動計画や避難経路の提示を申請者に求めるとしても、開発許可担当部局では確実な避難を判断できない点も指摘された。また、居室床面の高さに条件を設けるなどの予定建築物に安全上の対策を講じる許可制度を構築して条例区域内に引き続き存置することについても、技術的助言が求めている都市計画法第41条や同第79条の許可事務の蓄積が乏しいため、これら条件付き許可制度を採用することの限界も指摘された。さらに、許可することによって安全上の対策が講じられている、もしくは避難の確実性が確保されていると行政側が認定した分譲物件として誤って市民に受け止められる可能性もあるため、例外なく条例区域から除外している。

　このほか、水戸市と同じく自己用住宅に対して過度な制限強化とならないような制度設計となっていることも、条例区域からの除外が円滑に実現で

た制度的要因として挙げられる。想定浸水深3.0m以上の浸水想定区域を条例区域から除外する運用としたものの、同市の開発許可制度では条例区域内において、施設用途、属人性（特定の者に限り建築できる行為か否か）、自己用区分（自己居住用、自己業務用、非自己用）が同一となる建替えや用途変更については、許可自体を不要とする取扱い[20]をしており、この規定を従前のまま適用することで自己用住宅の建替えなどは建築確認申請のみで建築できる。

また、開発審査会基準に「提案基準29　浸水想定区域内等の戸建住宅等の建築」を新たに設けることで、新築住宅であっても戸建住宅又は兼用住宅に限り、居室床面を想定浸水深以上とする安全上の対策を講じることを条件に許可する（開発許可条例で定める許可基準との適合ではなく、開発審査会の議を経て許可する）措置を講じている。

(2) 安全上の対策、避難の確実性を考慮して想定浸水深3.0m以上の浸水想定区域を存置した都市（和歌山市）

　市街地は主に紀の川沿いの沖積平野や扇状地の上に形成されている他、市南部には和田川や亀の川といった河川が東西に流れている。浸水想定区域は紀の川沿いの平野部に市街化区域内外にわたって広く指定されている他、市南部の和田川や亀の川の沿川の一部には家屋倒壊等氾濫想定区域が指定されている。開発許可条例による制限緩和の取組みでは、2001年に市街化区域に隣接する４地区に限り3411区域を指定したが、さらなる制限緩和の必要性から2005年に既存集落内区域（50以上の連坦性を確保できる区域）を追加指定することで11号区域を大規模拡大した。さらに住居系建築物を中心に開発を許容する3412区域として鉄道駅周辺区域（鉄道駅500m圏）を新規指定したことで市街化調整区域の制限が大幅緩和された。この大幅緩和により市街化調整区域での開発許可件数が大きく増加したことで、浸水想定区域内外に関係なく市街化が進行していた。その後、コンパクトで便利な地域づくりを実現す

---

20)　山形市「条例指定区域等内における許可を要しない既存建築物の建替等に係る審査基準」

るための都市政策へ転換を図ることになり、立地適正化計画の策定に合わせる形で開発許可条例を抜本的に見直すことになる。2017年には、開発許可基準の大規模緩和となった既存集落内区域を廃止した他、鉄道駅周辺区域を鉄道駅100m圏に大きく縮小した一方で、3412区域として特定集落区域（小学校、コミュニティセンター等から300m圏）を新たに指定したことで、条例区域全体の指定範囲を大幅に縮小した。

　条例区域が最大規模に指定されていた2005年7月時点の条例区域（当時の既存集落内区域は文言指定で運用されていたため、当時の指定基準に従ってその指定範囲を即地化）と現在の条例区域を比較すると、前者が2,802haであるのに対して、後者は541haと8割以上の大幅な条例区域の縮小であった。この縮小された区域には浸水想定区域も含まれており、これにより想定浸水深3.0m以上に該当する条例区域内人口も17.8から6.8千人[21]にまで減少した。この条例区域の縮小は災害リスク対応として取り組まれたのではなく、立地適正化計画の居住誘導を効果的に行うためのものであるが、コンパクトシティ政策を図る取組みが結果として災害リスク対応につながった先行事例と言えよう。

　この条例区域の大幅見直し後、技術的助言によって開発許可制度のさらなる見直しが求められた。同市では、これ以上の条例区域の縮小はせず同区域を維持するとの判断から、想定浸水深3.0m以上の浸水想定区域を条例区域から除外するとした技術的助言の原則ではなく、「社会経済活動の継続が困難な場合」に条例区域として維持できることが技術的助言（Ⅲ-2-(2)③ハ）で明記されていたことに着目し、現状の条例区域を維持することを前提に制度見直しを検討していた。確実な避難が可能であると判断する基準として、市が指定する避難場所から申請地500m以内、もしくは500m以遠でも想定浸水深以上の居室床面を設置する場合は従来どおり許可するとして、想定浸水深に関係なく条例区域としている（**図表7-8**）。避難場所から500m以内という距離

21）2015年国勢調査500mメッシュデータを建物配置を考慮して100mメッシュに按分集計した推計人口を用いて算出。

は、高齢者による徒歩での避難を想定した安全側に解釈した距離であるが、それのみでは条例区域として維持できないため、安全上の対策を都市計画法第41条や79条による条件付許可で求めている。同市では技術的助言が発令される以前から条例区域内の開発行為に対して、同条を適用している許可事務の蓄積があることも、安全上の対策を講じる措置を本制度改正に盛り込むことができた背景にある。ただ、建築許可で対応する同法第79条の条件については、建築確認申請時に建築計画がその条件を満たすか否かを必ず確認できる体制になっておらず、その条件自体も建築基準法上の集団規定ではないため、この条件付許可の実効性を確保できるかが今後の課題とされている。

図表7-8 想定浸水深3.0m以上の浸水想定区域存置の考え方（和歌山市）

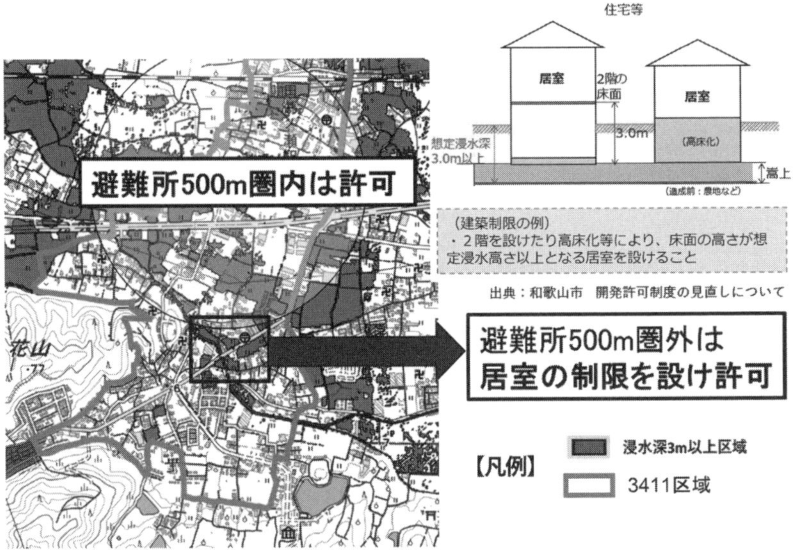

出典：和歌山市都市計画課「開発許可制度の見直し」（2023）に筆者加筆。

3 リスクを考慮した許可制度の定着化に向けて求められるもの

　都市計画法改正と技術的助言が通知されたことで、市街化調整区域での開発許可制度の枠組みの中に水害リスク対応の基準が組み込まれた。これにより、自治体自らがその対応を必要としているか否かを問わず、全国的に自治体はその対応に取り組んでいくことになる。流域治水関連法制においても浸水被害防止区域制度が創設され、都市計画法第33条で定める開発許可技術基準として同区域での開発行為が規制対象となったが、浸水想定区域の大半が未だ浸水被害防止区域外であること、また特定都市河川流域のうち都道府県知事が指定する限られた区域であることを踏まえると、浸水想定区域全域を対象にして水害リスクに対応した開発許可条例の制度化を促す意義は大きい。浸水被害の根拠や信頼性、妥当性の議論はさておき、国が水害リスク対応を求める領域を「想定最大規模で想定浸水深3.0m以上」として示すにとどまらず、「開発許可制度の緩和対象外（条例区域外）とするのか」、あるいは「避難の確実性を考慮して従来どおりの緩和対象行為として扱う、もしくは必要に応じて安全上の対策を義務付けるのか」のいずれかの対応を、自治体が抱える実情や許可事務能力、制度設計力を考慮して選択できる仕組みとしたことで、法改正という半ば強制的な形での水害リスク対応を建築制限に組み込むことができた。

　ただ、後者の対応には未だ議論の余地がある。例えば避難の確実性を考慮して従来どおりの緩和を継続するにしても、「避難の確実性」を判断する妥当な考え方に不確定要素がある。「避難の確実性」は地域防災計画等で定められた指定避難場所との位置関係で判断することを技術的助言は求めているが、避難場所からの距離のみで判断せざるを得ない現状もあり、その距離にも考え方に幅がある。和歌山市のように徒歩による避難圏域500mを想定した都市もあれば、ある自治体では広域避難地までの歩行距離圏域である2kmを採用したことで、想定浸水深3.0m以上の浸水想定区域のほとんどが条例区域と

して存置されている。市街化調整区域が農地や農村集落を主体とする土地利用であるため、農業用排水路が避難圏域に介在することも想定されることからも、「避難の確実性」を判断するにはなおさら慎重な姿勢が求められる。また、想定浸水深3.0m以上を条例区域から例外なく排除したとしても、従来と同じ建築物を許容するとは言わずとも他の許可基準で許可できる仕組みが並存する以上は、水害リスクに対応した開発許可制度の構築が完結したとは必ずしも言い難い。

第4節

総括――農村部での個別開発、建築行為に対する水害リスク対応

　本章では、前章に引き続き法定土地利用計画制度である開発許可制度を通じて、農村部での個別開発、建築行為に対する水害リスク対応の取組みについて論じてきた。開発許可条例のように委任条例によってリスク対策を図るという制度手法は、自治体のリスク対応にある程度の裁量を与えつつ、規定内容に法令が関与するという法定土地利用計画制度の利点を活かして、対策の普及や定着を図ることが期待できる。自主条例による対応や、前章で取り上げた委任条例を介さずに運用される都市計画による対応など、アプローチの仕方に違いはあるにせよ、特に本章で取り上げたような新たに発生する個別開発、建築行為に対する備えは、都市的土地需要が低迷する現状であっても水害多発時代において当然必要不可欠である。ここでは、本章で開発許可条例という市街化調整区域で適用される法定土地利用計画制度を取り上げたことを踏まえて、法定土地利用計画制度の下でのリスク対応を普及、定着されることへの主要な論点を述べたい。

第4節　総括——農村部での個別開発、建築行為に対する水害リスク対応

　水害におけるリスク対策を踏まえた土地利用制度の仕組みづくりや、その制度運用の試みは、水害多発時代において当然必要であるが、このような側面のみをもって単純に土地利用が判断されることには都市計画の全体性や総合性の観点から危惧される。例えば、「建築の申請地が災害ハザードのエリアから外れている」、「避難対策や治水事業が将来講じられる」など、安全だからといって市街化調整区域での規制緩和を継続することは、無秩序な市街地拡大を抑制する区域区分制度やコンパクトシティ政策を推進する立地適正化計画制度の趣旨と相反することもありうる。この論点は、逆に、前章で述べたコンパクトシティ政策との親和性に関する議論とも共通する。「水害リスクが低い」という評価だけを理由に、コンパクトな都市構造に疑問符がつく居住誘導区域の指定が試みられることも想定される。

　我が国での法定土地利用計画制度の実態はさておき、住民が主体的に土地利用計画の策定に関わり、住民合意の下でその指定が行われ、それによって都市における安全性と持続可能性を両立することができれば、流域治水の土地利用計画とそれに基づく規制や誘導が実現すると思われる。流域治水の原理原則を踏まえて水害ハザードエリアをはじめとする有事のリスク変数はもちろん、人口減少・高齢化や国・自治体の財政余力の低下など平時のリスク変数などの地域を持続させるための多面的な検討と、地域住民の意向が反映され、理解が得られる法定土地利用計画制度を構築、運用していくべきであろう。そのためにも地域住民に対して、行政は流域治水を考慮した土地利用計画立案の場と災害リスクにとどまらない都市空間情報の提供、専門家はその情報を用いた合理的評価手法の追及と次章で論じられる合意形成のためのアイディアを提供する努力が必要ではないだろうか。

引用・参考文献

- 松川寿也、白戸将吾、佐藤雄哉、中出文平、樋口秀（2012）「開発許可制度を緩和する区域の縮小に関する一考察」都市計画論文集47-3号、175-180頁
- 松川寿也、佐藤雄哉、中出文平、樋口秀（2014）「開発許可条例運用時における

都市計画法施行令第 8 条第 1 項第 2 号ロの区域に関する一考察」都市計画論文集 49-3 号、459–464 頁
- 松川寿也（2023）「安全な街づくりを実現する市街化調整区域での開発許可制度の見直しに関する研究—開発規制緩和区域内に存在する浸水ハザードエリアの対応を通じて—」、民間都市開発推進機構都市研究センター Urban Study76 号、1–18 頁

（松川　寿也）

第8章

流域治水における
まちづくりと合意形成

第8章　流域治水におけるまちづくりと合意形成

第1節
高齢社会における水辺のまちづくり

　本章では、水害多発時代を迎えた今日において、災害があっても命を落とさない、水と人とが調和し、自治体が流域治水の合理性を獲得するために地域の多様な主体（ステークホルダー）との合意形成を可能にするためのまちづくり（社会・環境づくり）を事例に基づいて検討する。

　そのために本節では、まちづくりに合意形成・協働が求められる前提を共有し、流域治水における課題を整理し問題を提起する。高齢社会を迎え、自治体も地域コミュニティも高齢化、人員不足の中、災害があっても命を落とさないレジリエンスを備えた防災・減災機能の強化と、地域固有の歴史や文化に根差したサスティナブルな暮らしの実現の両立のためには、公民連携、庁内連携、広域連携の3つの合意形成・協働の場が必要となる。

1　高齢社会、水害多発時代の地域コミュニティ

　日本では少子高齢化が進み2004年に人口減少に転じ、それまでの右肩上がりの社会から、現状維持では活力が低下していく時代になった。世界的にも気候変動が確認され、2011年東日本大震災が起こり、2016年には熊本地震、2017年には九州北部豪雨災害、そして2018年には西日本豪雨災害、北海道胆振東部地震と、日本全国で激甚災害が頻発し、どこにいても被災するリスクが高まった。そして2020年からは世界的にcovid-19（新型コロナウイルス感染症）が蔓延し、時代や社会の「当たり前」が当たり前ではなくなった。

　災害は地域コミュニティが抱える課題を加速させる。2016年4月に震度7の強震が二度襲った熊本地震では、熊本市から南阿蘇村にかけて災害直後には18万人が避難するという甚大な被害があったが、特に中山間地の農山村で

は、復旧・復興の過程において過疎化、高齢化など地域コミュニティの衰退に大きな拍車がかかった。熊本地震以前より、後継者不足に悩んでいた農村では、高齢者ばかりが農業に従事し、一年に一度楽しみにしていたお祭りなども、人手不足で神輿も担げない、さらにコロナ禍においては、集落活動も風前の灯というような状況にまで追い込まれた。

　一方、都市部においてもコロナ禍では、人々は3密を避け対面でのコミュニケーションを遠ざけ、社会的弱者ほど孤立する状況を生んだ。そもそも都市部では、隣に誰が住んでいるのかさえも分からない、地縁のない者同士が暮らす「無縁社会」（NHKスペシャル取材班編著2012）と呼ばれるコミュニティの存在しない地域も生まれつつある。白か黒か、遊びのない社会では、人間らしさや生きがいよりも、効率性や経済性が優先され、自粛警察や監視社会を生み出した。非接触でボタンさえ押せば必要なサービスを受けることができる社会、利便性は高いが属人性に欠ける、そんな社会が広がり都市部、農村部に関わらずコミュニティは崩壊しつつある。

　宮台・野田は、著書『経営リーダーのための社会システム論 構造的問題と僕らの未来』（宮台・野田2022）において、日本社会を「社会の底が抜けてしまっている」と評している。今や日本の社会は「安全、快適、便利」なシステム社会、「損得勘定（計算）」で動くシステム社会の奴隷になりソーシャルキャピタルが減少することで、個人が生きづらく、不全感、劣等感、孤独感が広がっていると分析している。

2　まちづくりにおける合意形成・協働

　熊本地震まで約10年間、筆者は土木史、景観まちづくりを専門として熊本県下の自治体のまちづくりに関わってきた。熊本地震の直前は、都会から地方部への人の流れをつくり、持続可能な地域社会をつくるために「新しい」働き方や小さな拠点づくりを行う、「地方創生」に関わっていた。「産官学金言労」と言われる市民、民間企業、自治体、地方大学や金融機関、さらには

第8章 流域治水におけるまちづくりと合意形成

マスコミや地域団体などを含めた多様な主体が協働し、地域課題に対して、それぞれの地域アイデンティティに根ざしたチャレンジを行う、という取組みであった。

トップダウン型の都市計画に対して、ボトムアップ型のまちづくりには多くの主体が関わるが、一般的には①地域住民、②自治体、③企業やNPO、外部有識者などのアソシエーションの3つの主体が想定される。①地域住民は、そこで暮らす矜持を持ち、自治の精神のもとコミュニティ（共同体）を形成する。②自治体は、税収によって地域に必要な行政サービスを提供し、地域に権限を付与する。③アソシエーションは、専門知識やまちづくりに必要な資源、資金、技術などを提供する。筆者は、まちづくりを「地域住民、自治体、アソシエーションに大別される多様な主体が分野をこえて、自治の精神の下で協働する、終わりのない地域社会・環境改善活動」と定義している。

自治体は計画を立て予算をつけて粛々と事業を実行していく「お役所仕事」と呼ばれる手堅い事業を行うのは得意だが、前例のない新規事業をイノベーティブに実施することは不得意だ。市民はグラスルーツの有志の活動は得意だが、人員や資金に限界がある。アソシエーションも、それぞれに得意分野と不得意分野があり、一地域に役者が揃うことは少ない。しかし、人口減少社会下で取り組んだ「地方創生」の事業の中には、ないものねだりをせず、限られた地域資源を活かして、持続可能性を芯に据えて餅は餅屋という「おたがいさま」の気持ちで多様な主体が連携し、コミュニティビジネスやソーシャルビジネスを展開するなど、柔軟なまちづくりが展開された現場もあった。そこには、それぞれの主体が合意し協働する仕組みがあった。

3 都市と農村における水辺とコミュニティとの関わり方の違い

　都市部には豊かな人的資源が、農村部には自然資源が存在し、それぞれの地域アイデンティティに根ざしたまちづくり、地域づくりが可能である。地域資源を発見、あるいは再発見して、ものづくり、人づくり、コトづくりを行っていく。四季のある日本では、川や海などの水辺は豊かな文化とともに地域資源の宝庫である。

　四大文明の例を出さずとも、川は人々の暮らしとは切ってもきれない関係にある。そして川は、人々の暮らしに恩恵と脅威をもたらす。かつて、人々が洪水から生活を守る高い技術を持たなかった頃は、いかに川の脅威をそらし、恩恵を授かるか、地域の知恵（ローカルナレッジ）が機能していた。同じ流域でも、それぞれの地域特性によって、地域の知恵には異同がある。それらは地域固有の文化となり、慣習などにも表れ、コミュニティで先祖から子孫へと引き継がれていく、地域に生きる矜持、つまりシビックプライドの源泉となってきた。

　しかし少子高齢社会となって、都市部、農村部で川や湖、海などの水辺との関わり方に変化が見られる。農村部では、圧倒的に人が足らない。都市部に比べれば地域コミュニティの紐帯は強いし、ローカルナレッジも息づいていると思われるが、一次産業の後継者のみならず、伝統文化や老舗の跡継ぎ、その土地に根ざした郷土料理や祭りの継承もままならない状況にある。都市部においても、人手不足は否めない。建設現場やタクシードライバーなど、一部の職種では人員が足らずに、ますます労働環境が悪くなる悪循環を招いている。さらに、例えば「良い子は川で遊ばない」など、管理型社会では、「何かあったら困るので」（西川2017）の言葉のもとに、子ども達の自然体験を奪うような安心・安全社会がつくられようとしている。農村に比べて、より多様な人々の住む都市部では、言語や文化の違いによるディスコミュニケーションも増え、自助・共助・公助のコンセンサスも得られにくくなっている。

4 流域治水に求められるまちづくりにおける3つの協働の場

　高齢社会を迎え、地域コミュニティも自治体も高齢化、人員不足の中、持続可能な地域社会・環境をつくっていくためには、多様な主体が合意し協働するために、以下の3つの協働の場が必要となる。

(1)　公民連携——「おたがいさま」と「おせっかい」

　1つ目は、水辺を基盤としたまちづくり、いわゆる「かわまちづくり」における行政（自治体や県、国）と市民や民間企業など地域コミュニティとの協働、つまり公民連携である。高齢社会を迎え、地域コミュニティも自治体も高齢化、人員不足の中、持続可能な地域社会・環境をつくっていくためには「行政だけ」とか「市民だけ」、「民間企業だけ」が頑張るのではなく、多様な主体が協働する必要がある。河川管理者が治水をはじめとする水辺のあり方に責任を持つのは当然であるが、「河川管理者だけ」で背負うのではなく、「みんなで決めて、みんなで使う」水辺には公民連携を促進させやすい風土がある。

　熊本地震の際に、災害支援物資の引き渡しの現場で起きたのが「ラスト1マイル問題」であった。プッシュ型で被災地に送り込まれる支援物資が、自治体が管理する拠点に集まってくるのだが、これを避難所に届ける人がいないのだ。公的な避難所は自治体やその代理人が引き取りに来るのだが、公的な避難所ではない場合は支援物資を手にすることができない。この場合、ラスト1マイルを埋めるのは、自治体であっても民間であってもボランティアであっても構わない。

　自治体は筋の通った縦割りの業務は得意だが、現場で判断を求められるような、必ずしも正解があるわけではない状況に対応するのは難しい。市民やNPOは臨機応変に対応するのは得意かもしれないが、そもそもマンパワーが不足している。災害時に、どれだけあるか分からない避難所一つ一つに公平

に支援物資を届けることは相当難しい。ここは「誰かがやるべき」とべき論を通したり、「誰かがやってくれるだろう」とお見合い状態になってしまうよりも、しんどい時は「おたがいさま」と相手の状況を推し量ったり、時には「おせっかい」になっても、他者の分までやってあげることもあっていいと思う。このように公民連携の協働の場には、「おたがいさま」や「おせっかい」など、他者との違いを認め合う、心の余裕が大切だ。

(2) 庁内（分野間）連携——線を引かない社会

　２つ目は、防災だけに特化しない庁内（分野間）連携である。例えば矢守が提唱する「生活防災」（矢守2011）では「ふだん」と「まさか」をともに考える、景観も環境も、あらゆる分野を横断して、自分の暮らしから誰かと一緒に考えるゆるやかな紐帯づくりが重要となる。自治体は、良くも悪くも縦割りが強く、その方が力を発揮しやすい特性がある。しかし分野を分けてしまうと、自分たちの部署のみのゴールを設定してしまい、総合的なゴールが見えづらくなる。担当部署のみが設定した目的は、他の部署には分かりづらい言葉で説明されており、およそ他の主体との協働が望めない状況に陥りやすい。また、目的と手段が１セットで決められてしまい、手段が目的化してしまうことも、ままある。単に数値目標を達成するだけでは、もったいない。それぞれの自治体や部署によって得意不得意はあるだろうが、例えば２つの部署が目的を共有し、責任は明確にした上でお互いが補い合う、庁内連携を期待したい。

　このような「緩やかな連携」を許さないのが「効率性」である。もちろん、効率的に仕事を行うことは有用である。しかし、働き甲斐ややりがいを搾取するような目標、環境の設え方では職員の満足度も上がらない。

　また市民や民間企業は、自分に近しい、または興味のある分野において流域治水に参加すればよい。税金を納めるだけでも流域治水には貢献している。少しでも、水辺を訪れることができるのであれば、川遊びや水生生物の観測、水辺の散策など水辺の恩恵を十分に楽しみ、かつての昔話などしてもらうこ

第8章　流域治水におけるまちづくりと合意形成

とも流域治水に資する防災活動につながる。

(3)　広域連携——閉じつつ開く、新しい貸し借りの関係

　3つ目は、流域からみた地域コミュニティの自治、他のコミュニティとの広域な関係性、つまり広域連携、例えば都市部と農村部などの上下流連携の構築である。これは、これまでの2つの連携とは違い、一地域内の連携では解決できない「流域治水」ならではのチャレンジ、川との持続的な付き合い方、地域コミュニティに求められる新しい連携のかたちと言える。

　地域防災の基本は、自助・共助・公助の有機的な組み合わせであろう。しかし、少子高齢化の激しい中山間地の疲弊した地域では、「備える」と言っても、できることとできないことがある、自地域だけ見ていては八方塞がりのこの状況を打破してくれる可能性があるのが広域連携とも言える。

　情報化社会になり、遠く離れた地域コミュニティ同士あるいは流域外の地域との連携も可能になったのかもしれないが、これには注意も必要である。顔の見える範囲の地域コミュニティにおいて、多様な主体がまち歩きなどして、自らが住まう環境として「自分ごと」化した上で、ともにつくるローカルルールを共有したい。流域治水における広域連携では、河川管理者との「貸し借り」のリスクマネジメントも視野に入れ、離れた二地域間で、それぞれのローカルルールの違いを認め合い、自地域だけで閉じないまちづくりをしていく必要がある。

　普段から顔を合わせる同質性の高い主体によって構成された活動は、目的や手段も共有しやすく結束力も高まるが排他的になりやすい。一方、多様な主体が参加しやすいオープンでイベント的な活動は、一時期の盛り上がりは見られるものの、求心力を失うと長続きしない。この両者の長所を兼ね備えた持続的な活動とするためにも、「閉じつつ開く」協働を目指したい。

第2節 事例にみる流域治水に資する協働のあり方

　本節では、総合的な地域の暮らしのために、環境や経済、防災など機能に切り分けず、あらゆる空間・分野・主体を横断するゆるやかな紐帯づくり、当事者性を持った「連携」をいかに実践していくのかを事例より学ぶ。個々の事例では、流域治水との関係において、①各主体の視点、②地域における課題、③課題解決のプロセス、④課題解決に至った流れを検証する。

1　文化的景観として読み解く水辺と地域コミュニティとの関わり方

(1)　合意形成の結果としての文化的景観

　文化的景観はCultural Landscapeの訳語で「地域における人々の生活又は生業及び当該地域の風土により形成された景観地で我が国民の生活又は生業の理解のため欠くことのできないもの」[1]と定義されている。地域固有の歴史、自然環境、生活・生業がかたる「地域の本質的価値」を持続可能に継承していくための環境そのもの、目に見えるものばかりでなく、目には見えない地域文化も含んだエコシステムを指す。特に、国が選定する重要文化的景観エリアにおいては、それまで変化が許されない保存のあり方が求められていた文化財保護に対して、「適切で、その土地にとって好ましい変化は許容される」画期的な文化財保全制度である。

　文化的景観として読み解く水辺の暮らしには、単に河川を構成している河

---

1)　文化財保護法第2条第1項第5号
　　https://www.bunka.go.jp/seisaku/bunkazai/shokai/keikan/（2024年5月31日閲覧）

道や堤防、堰などのような河川構造物、天端の道路や橋梁のみならず、河畔林や周辺の田畑、民家など人々の生活・生業も含まれており、そこには地域で生きるローカルナレッジが仕組まれている。戦後、連続堤が築かれ、人々の暮らしと川が縁遠くなる以前は、行政と地先の住民やコミュニティとの間に「貸し借り」のような関係があった。上下流問題や、対岸との水争いなど、リスクも恩恵も流域では分かち合う必要がある。この時に、利他や「おたがいさま」という、貸し借りが行えるゆるやかな紐帯があることが望ましい。

(2) 通潤用水と白糸台地の棚田景観【事例1】

　筆者は、熊本に赴任した翌年から約18年間、2023年に国宝になった熊本県上益城郡山都町矢部にある通潤橋を含む通潤用水を流れる水が潤す白糸台地の棚田景観の文化的景観保全に関わってきた。この地域は2008年7月に日本の棚田としては初めて国が選定する重要文化的景観「通潤用水と白糸台地の棚田景観」となった。

　この白糸台地の棚田景観の本質的価値（古賀・田中ら2010）は、通潤用水という農業インフラがもたらす水を、通潤土地改良区という農家のコミュニティが上手に融通する水管理にある。例えば、配水方と呼ばれる通潤橋を流れる水をコントロールする担当者は今でも世襲である。白糸台地の9つの集落は、水が少ない時は、昼と夜に分かれて節水して水を使用する「昼夜引き」と呼ばれる水融通のシステムを持っている。限られた水資源を有効に用いるために、多くを求めず「おたがいさま」の精神で暮らす、地域の風土に根ざした合意形成・協働のあり方である。

図表8-1　通潤橋の漆喰詰め替え作業

出典：山都町教育委員会撮影

　通潤用水と白糸台地の棚田景観は、農家の方々が生き続けてきた文化的景観であり、まさに地域コミュニティと自然環境、生業の歴史そのものである。この文化的景観の保存・活用、つまり保全には、文化財行政のみならず地域振興や防災、観光などの自治体の多部署も関わってきた。

　この白糸台地の文化的景観や国宝通潤橋を文化財として保存、活用してきた自治体と地域コミュニティの協働は公民連携、庁内連携の観点から、近世から近代へと時代や価値観が変わる中、地域の本質的価値を多様な主体間で議論し、保全の合意形成を獲得し、社会構造の変革にあわせてローカルルールをアップデートしてきたインフラ・マネジメントと協働について多くを学ぶことができる。

2　災害からの復興における多様な協働の姿

　流域治水においては、流域の全てのステークホルダーに役割がある。従来から治水を担ってきた河川管理者のみならず、利水に関わる農業関係者や民間企業、治水の恩恵を受けてきた地域コミュニティ、通常は治水とは関係のない行政サービスを提供してきた自治体にも協働のチャンスがある。

　同じ災害であっても、人それぞれで受け取り方は違う。災害観は、それぞれの地域の風土に根ざしたコミュニティで共有されたものであることが望ましい。人手が少ないながらも、豊かな自然が育んできた地域文化を継承してきた農村部では、農業や漁業、林業など一次産業と共生できるような循環型社会を損なわない災害観、そして復興観が期待される。一方、人はたくさんいても、外国人やさまざまな個性を持った人々が集住する都市部では、拠り所になる自然環境にも乏しい中で、DXや最新の技術を援用して、少しでも人と人が関わり、地域コミュニティとしての信頼や人間性を回復できるような災害観、復興観を持つことも可能だと考える。

　人は人との関わりの中で生かされている。防災を考える上で、人々の当たり前をつくるまちづくりとのつながりは必須である。日常と非日常をつなげる事前復興やBCP（Business Continuity Planning：事業継続計画）等を考えることが当たり前になっている今日では、災害時や災害からの復興という非日常の場における協働から学ぶことも多い。

(1)　故郷復興熊本会議【事例2】

　熊本地震からの復旧・復興では、災害がなかったら出会わなかったであろうつながりが新たに生まれ、「創造的復興」というキーワードの下、ビルドバックベターや震災バネなどの言葉を頼りに、「被災前よりも住みよい故郷を」とコミュニティを核に地域づくり、まちづくりに取り組んできた。

第2節　事例にみる流域治水に資する協働のあり方

　筆者らが、熊本地震から一年後の12月に立ち上げた「故郷復興熊本会議[2)]」は、「集落同士の学び合い」を合言葉に、被災して基礎自治体の枠を超えて、内外のさまざまな主体と連携し、お互いに「できるしこ（できる範囲で、できることから、の熊本弁）」集落同士が学び合う活動を展開した。

　日常的な自治の基盤として、自治体と自治会の関係がある。しかし、災害時には自治体職員も被災し、日常的な自治会活動の支援が難しくなる場合もあるだろう。熊本地震の場合には、まさに熊本市近郊の益城町、西原村、南阿蘇村と布田川断層帯に沿った市町村では、自治体が地域コミュニティの復旧・復興活動を支援できなかった部分もある。この際、故郷復興熊本会議が設えたのが、地域コミュニティ同士が自治体の枠組みを超えてつながり、おたがいさまの精神で他の地域コミュニティの活動を学び合う場であった。

図表8-2　故郷復興熊本会議のコンセプト

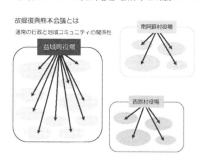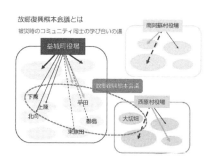

出典：筆者作成

---

2)　熊本地震からの復興の取組みの詳細については、『造景2022（特集：熊本の災害復興まちづくり）』を参照。

図表8-3　第1回 故郷復興熊本会議　於：熊本市健軍文化ホール　2018.7.15

出典：筆者撮影

(2) くまもとクロスロード研究会【事例3】

　災害が起こる度に、過去の教訓が活かされていない、と人は言う。しかし、同じ災害が二度起こることはない。次の災害にそなえて、自身が体験した災害や復興の体験や知恵を他者、他の地域、あるいは未来の自分たちに伝えることが、本当の意味で教訓を活かすことになる。時や場所が変われば、被災時に必要なことや復興の知恵も異なってくるのだが、大切なのは「同じ」被災者である、ということである。

　筆者らは、防災・減災や災害時に発生したジレンマを追体験（田中・竹長2021）（田中・坂井2023）できるクロスロード（矢守ら2005）という防災学習ゲームを研究・実践している。熊本地震をきっかけに「くまもとクロスロード研究会」という市民研究会を立ち上げ、2018年には「クロスロード熊本編」を33問作成した。クロスロードは、阪神・淡路大震災時の神戸市職員の体験

をもとにつくられた防災学習ゲームであり、被災時に起きるジレンマを携えた正解のない問いに対してYES／NOの意思表示をした後に、参加者同士で「どうしたら正解に近づけるのか」を学び合うことが大切にされる。

さらに、くまもとクロスロード研究会では、令和2年7月豪雨災害、同年から世界中で蔓延したcovid-19などについても作問してきている。大切なのは、個人のジレンマを追体験可能な状態にして継承するために、記録するということだ。自治体職員でも市民でも、学校の先生でも、特に災害でなくたって誰でもジレンマに陥ることはある。大切なのはジレンマに陥らないことではなく、ジレンマに陥った時に一人で抱え込まず、ともに考えてくれる仲間を日頃から持っていること。災厄の状況は千差万別であり、自分でさえも明日は他人である。それぞれが自分事として考え、多様な人々と語り合うこと（髙良・田中2021）での対話が生まれ、クロスロードの作問はコミュニティ・アーカイブとして機能し始める。

(3) 益城町記憶の継承【事例4】

2016年の熊本地震から一年後、2017年10月に甚大な被害を受けた益城町において「平成28年熊本地震記憶の継承（以下、「記憶の継承」という）」事業（益城町ホームページ）が始まった。「全町民が熊本地震の語り部に」を合言葉に、期限のない事業として、(i) いのちの記憶、(ii) くらしの記憶、(iii) 活動の記憶、(iv) 大地の記憶を継承していく活動に取り組み始め、そのために①震災記念公園の整備、②震災遺構の保存・活用、③災害アーカイブの整備、④防災教育の充実を図ることになった。

筆者は益城町記憶の継承事業として、②震災遺構の保存・活用に関わっているが、その一環として地元の中学生たちと「復興は木山中からプロジェクト[3]」という活動に、2018年度、2019年度の2ヵ年取り組んだ。この取組みは、

---

3) 詳細は熊本大学くまもと水循環・減災研究教育センター（2019）、熊本大学くまもと水循環・減災研究教育センター・益城町教育委員会（2020）を参照。

益城町立木山中学校の先生と生徒、市民、益城町役場、そして筆者を含む「プロチーム」として関わった外部支援者との協働であった。2018年度は中学校1年生約90名、2019年度は1、2年生の約180名が、「熊本地震で被災した、あるがままのふるさとの風景を、記憶の継承として未来の木山中の生徒に伝える」30秒1カットの動画作成を行った。総合的な探究の時間として、二学期冒頭の1ヵ月半をつかってチームで動画作成に取り組み文化祭にて発表する取組みであったが、この動画撮影の際に、ロケハンのため生徒たちは何度も被災した益城町を歩き、仲間とともに、何を伝えるのか考えストーリーを描いた。

図表8-4　復興は木山中からプロジェクト2018

出典：筆者撮影

　初年度であった2018年度は、中学1年生3クラス91人を6人1チームとして15チームに分け、正直チームの半分が完成にこぎつけてくれたらいい、と考えていたが、結果的には15チーム全てが作品を仕上げた。さらに担任の先

生達が自分たちで、この15作品を編集し文化祭当日に上映すると、感動した保護者の皆さんは感極まって涙を流す方もおられるぐらい好評だった。熊本地震から2年と半年たったNHKの6時のニュースではこの模様が番組の冒頭13分間も放送され、ご助力いただいた役場関係者、市民の方々からは、今でも「あの時は、たいへんだったけど、とても楽しかった」と今でも言っていただく。

　記憶の継承は、単一の部署では扱えない複合的な事業で、役場だけで実施するものでもなく、とても難しい事業である。益城町では、危機管理課が長く庁内連携の旗振り役として取り組んできたが、記憶の継承事業として取り組んできた「みんなでツナグ益城の記憶」という市民参加型のまちづくり学習会は、企画部署の役割も大きい。さらに「町民一人一人が語り部」を目指して取り組む記憶の継承事業は、この活動自体が益城町の熊本地震からの復興の軌跡であり、後世に伝えるべきアーカイブである。

(4)　令和2年7月の球磨川水害【事例5】

　令和2年7月豪雨災害時の球磨川流域では、復旧・復興の過程において、流域ではさまざまな課題が生じていた。球磨川流域は上流部の人吉盆地の浸水被害も大きかったが、下流部の球磨村や八代市坂本町などに代表される中流域においても急激な水位上昇により、高齢者が逃げ遅れるという悲惨な被害が生じた。

　2020年8月13日（木）の熊本日日新聞朝刊第一面では、4月から人吉総局長に赴任した吉田紳一氏が興味深い記事を書いている。

　被災者たちが異口同音に「球磨川は悪くない」と球磨川をかばう言葉を口にする「水害は怖いが、球磨川は怖くないし、球磨川は悪くない。球磨川への思いと水害は全く別」

　これまでも球磨川流域では何度も水害が起こり、その度にコミュニティが

主体的に、河川管理者と協働して復興してきたのであった。この「球磨川への思いと水害は全く別」という自然観、災害観は、地域環境やその土地での暮らし方に埋め込まれ継承されてきた、大切なコモンセンスである。地域環境の保全と伝統的な防災・減災の実践知は、流域治水のために地域コミュニティや自治体によって継承されることを望む。

熊本県の球磨川流域を中心に甚大な被害をもたらした令和2年7月豪雨災害は、同年世界中を席巻したcovid-19蔓延の状況下の複合災害となった。5年前の熊本地震の際には全国から駆け付けたボランティアが支援したのに比べ、県外からのボランティアを受け入れることができず、それまでの日本の災害復旧・復興とは違う様相を呈した。

自治体だけでは越境しての支援は難しい。抗原検査やPCR検査の確認など迅速な対応は難しかった。しかし熊本県下では、民間やコミュニティ同士の支援により、球磨川流域以外の他の流域からの「恩送り」の支援活動も展開されていた。

災害支援の分野では、「恩送り」という言葉がある。災害時やその復興過程において何かしらの支援を受けたら、等価なものやことを後日でもいいので支援者に返す「恩返し」が一般的と思われがちだが、熊本地震からの復旧・復興で学んだのは、無理に直接でなくてもいい「いつか、誰かのために」という、未災地や地域社会への「恩送り」の考え方であった。この見返りを求めない、利他の精神に基づく支援が流域連携、流域を越えた地域と地域との連携には重要である。

3　かわまちづくりと流域治水——菊池川のかわまちづくり

筆者は、熊本地震の翌年2017年12月から菊池川流域の「かわまちづくり」に関わっている。かわづくりとまちづくりをイノベーティブにかけ算で取り組むかわまちづくりは、流域治水とも表裏一体である。この取組みは、「菊池川流域おむすびたい会議」と称し、市民同士のネットワークが基盤となり、

第2節　事例にみる流域治水に資する協働のあり方

河川管理者や流域の自治体職員も緩やかにつながり、コロナ禍で活動は縮小したものの、今でも機能している。

図表8-5　菊池川キッズ探検隊（2019年8月撮影）

出典：熊本大学地域風土計画研究室所蔵

　菊池川流域おむすびたい会議では、最下流の玉名市のかわまちづくり事業に取り組む「おおかわの会」の皆さんとつながり、2018年度からは菊池市かわまちづくり事業に携わることになった。2018年度6回のワークショップを行い、菊池市かわまちづくり計画を策定し2019年3月には国交省の登録を受けた。通常のかわまちづくり事業ではハード整備が先行することが多いが、この菊池市の菊池川支流迫間川のかわまちづくりでは2019年度はかわまち歩きと称したまち歩きや、水辺の新しいアクティビティを検討する社会実験を繰り返した。そして、いよいよ水辺の空間整備がはじまろうとした2020年

第8章 流域治水におけるまちづくりと合意形成

covid-19が世界を席巻し、いわゆるコロナ禍に突入してしまった。

それまでのように人々が対面で集まりワークショップを行うことができなくなった2020年度に救世主のように現れたのが、迫間川のすぐ近くに立地する熊本県立菊池高等学校の高校生たちだった。当時、普通科の魅力化に取り組んでいた菊池高校は探究のテーマとして菊池市かわまちづくり事業を取り上げることになり、水辺の調査や設計、将来像を描くなど、さまざまなかわまちづくり活動に継続的に関わり続け、地域の方々も高校で一緒にワークショップを行うまでに至った。

「ピンチをチャンスに」というフレーズをまちづくりではよく用いるが、菊池市かわまちづくりでは、まさに広域連携、公民連携、そして庁内連携によって、それぞれの地域課題を解決し、まちづくりの強みとしてきた。水辺は、さまざまなコンフリクトを抱えているからこそ、協働の場となりえる。

4 日本都市センターアンケートにみる流域治水におけるまちづくり観

日本都市センターが実施した「気候変動に対応した防災・減災のまちづくりに関する研究会アンケート調査（日本都市センターアンケート2023）資料編」から、流域治水における自治体のまちづくりに対する考え方について言及する。

(1) 公民連携について

日本都市センターアンケート2023「Q31 地域コミュニティとの連携の目的・意義」に対する回答選択肢は下記のとおり。

① 水害ハザード・リスクに関する情報の周知・共有
② 発災時の対応（避難等）における組織的活動の支援
③ 避難が困難な住民の把握、支援における情報の共有
④ 水利用や環境など複合的な側面も含めた、河川のあり方に関する認識

の共有
⑤ 土地利用・建築の規制・誘導施策における理解の浸透
⑥ 河川計画、治水に係る事業の効果に関する説明、周知
⑦ 防災・減災をテーマとした活動による、平時の地域コミュニティの活性化
⑧ その他

　地域コミュニティとの連携の意義として、ほとんどの自治体が①情報の周知・共有を挙げている他、全ての自治体類型に共通して、②・③・⑦は多く挙げられている。

　サスティナブルという観点からすると⑦や、本質的には④のような地域コミュニティの誰もが参加できる共同作業に基づく、かつての「区役」やこれらの時代に合った公共空間づくりなどが重要である。道普請や川浚え、草刈りなど、コミュニティビジネスとして回していくことが大切である。水辺づくりの活動を、単に経済活動にとどめるのではなく、やりがいやシビックプライドを伴う、環境づくり、社会づくりまで深めることがレジリエンスの高いまちづくりにつながる。

(2) 庁内連携について

　日本都市センターアンケート2023「Ｑ９　都市計画と河川の部署間連携」に対する回答選択肢は下記のとおり。
① 河川・治水担当が立地適正化計画の策定などの会議に加わる
② 個別の土地利用規制の見直しなどにおいて河川・治水担当と調整・検討をする
③ 河川や水路に関わる事業推進において都市計画担当と調整・検討をする
④ 治水に限定されない防災に関する方針・計画等の策定・改訂にあたって都市計画、河川・治水担当が会議に加わる
⑤ ジョブローテーションによって相互に所属した経験がある職員が多い

⑥　都市計画も河川・治水も同一部署で担当

　小さな自治体では、非専門職員が掛け持ちで防災、地域振興、観光などを担当することも多い。その際に自治体職員が、自らが有する地域住民としての視点、行政と対等なパートナーシップを組める地域コミュニティの気概と科学的根拠を示せるとよい。行政職員としての仕事だが、一方で地域コミュニティの顔役となっている場合もあろう。引継ぎノートなどのデータにも準拠していることが望ましい。

(3)　広域連携について

　日本都市センターアンケート2023「Q32 河川沿い地域コミュニティとの連携・まちづくり」に対する回答選択肢は下記のとおり。

①　河川の防災に関わる地域活動（避難、水防等）の支援
②　防災まちづくりに関連した計画・事業の推進に関連した住民参加
③　防災、水循環、環境などに関する（主に子どもを対象とした）教育、学習のプログラム
④　住民が川、水に親しむことができる機能、空間の整備
⑤　河川敷、河川沿いの緑地等を活用した地域活動に関する支援
⑥　その他

　③教育・学習のプログラム、④親水空間の整備は政令指定都市、特別区、人口20万人以上の都市など規模が大きい自治体の方が相対的に回答割合が高い。これらが、まさに自治体にお願いしたい役割である。かわまちづくりでは、自治体に期待されているのは、インフラとともにある持続可能な地域づくり、地域の生業の再生に焦点を当てた暮らしの環境改善である。

第3節
参加型自治による合意形成・協働の文化的処方

　本節では、公民連携、庁内連携、広域連携の3つの連携の下「閉じつつ開く」参加型創造的自治のために、自治体がとるべき実践方策を明らかにする。第一に、今日求められる科学的な知見も踏まえて、社会や環境の現状を地域に即してともに読み解く作業（地域の固有性を認識し）、第二に、地域における生活・生業の成り立ちを水との関係を踏まえて振り返る作業（地域の過去と未来を整合させて、水と人との関係を学び）、第三に、行政、コミュニティ、関係組織などの水や水害に関する思いや考えの違いを認め合い、生活を維持、発展させるための活動に展開していく場づくりが必要となる。

1　地域の環境・社会・経済の仕組みを捉え直す

　コロナ禍によって加速化したように感じているのは、世の中が白か黒かをはっきり決めたがる社会になってしまったことである。同質性が重要視され、自分たちと少しでも違ったものやことを受け入れない社会、経済性や効率性ばかりが求められ、短期的な成果ばかり求められる社会になってしまった。先行きの不透明感も相まって、それぞれの価値観を尊重せずに、分かりやすいものさし、ランキングなどに頼りがちである。多様な価値観を認めない、自分だけが良ければいい、という底が抜けた社会において、孤立しがちな社会的弱者は、自分たちの居場所もない。いつも他人の目を気にしながら、人よりも前にも後ろにも行きたがらない、横並びを好む社会で、SDGsや多様性を議論しても表面的で上滑りしている。

　熊本地震の復興に際して、中越地震からの復興を学びに行った際に旧山古

志村の皆さんから送られた「復興に失敗はない」という言葉を、今も大切にしている。最初は失敗して当たり前、諦めたら、その時点で失敗である。失敗を良しとするならば、何かしらの学びは得られたであろうし、成功するまで努力を続ける。他の地域の成功そのものを移入するのではなく、挑戦のタネを移入し、自分たちの地域の成功に結び付ける。

課題解決を考える合意形成のためには、まず現状を現状のまま受け止めることが大切になる。他の地域でうまくいっているからといって、自分たちの地域でうまくいくとは限らない。まず、多様な協働により科学的なデータとそれぞれの感性で、自分たちの地域の現状を捉え直すことが必要だ。

地域コミュニティとともに災害や防災に関するアーカイブから、地域固有の自然環境や暮らし方、災害時の対処方法などを振り返り、それぞれの時代の社会・環境の構造を理解する。現代社会にあてはめて考えるのではなく、当時の言葉で理解する。地域の当たり前は、記録に残りにくい。ずっと同じ地域に住んでいる人々は、当たり前のことに気づきにくい。だからこそ、よそ者や若者と一緒に地域の見直しを行う。そして、現代の地域が抱える課題についても、科学的なデータとともに地域の人々が、その課題をどのように受け止めているのか直に声を聴くことが大切である。

2　水辺の暮らしを学び、地域のすがたを描く挑戦を繰り返す

市民、自治体、民間企業やNPOなど関係者が一堂に会し、地域コミュニティが抱える課題が設定できたら、地域のビジョンを描くステップに移る。この時に大切にしたいのが自己評価である。多様な主体が参加して、当事者として自分たちがなりたい地域の将来像を描く。ビジョンというひとつのかたちにするのはなかなか難しいが、段階的に「像」として地域の総体を風景として描く。ファシリティ・ドローイングなど対話を可視化する職能も増えてきて、子ども達も含めた対話の場は多ければ多いほどよい。

第3節　参加型自治による合意形成・協働の文化的処方

　熊本地震以前から、地方創生の文脈において新しい挑戦は求められていた。しかし過去の失敗やしがらみに囚われて、誰かのせいにして何もしない自分がいた。熊本地震は、そんな過去の失敗やしがらみを揺さぶり、災害がなかったら出会わなかったような出会いを生み、必然的に「成功は失敗から生まれる、最初から成功する方が稀」という、ポジティブに失敗を捉えることができる間柄を生み出した。今でも、熊本地震後に継続的なまちづくりに取り組む仲間達と、「あったはずの未来と、ありえなかった今」という話をする。偶然を歓びや楽しみに変換できるコミュニティには変化が生まれ、持続性が高まる。

　「過去と他人は変えられないが、未来と自分は変えられる」と言われる。人もコミュニティも、完全に過去を断ち切って、新しい人格やコミュニティに生まれ変わることはできない。だからと言って、新しい自分になることをあきらめる必要もない。挑戦に失敗はつきものだ。むしろ失敗を糧に、少しずつ成功の可能性を拡げていくことに意味がある。リスクのない挑戦は、挑戦ではない。

　五感に基づいて地域の風土に根ざしたアクチュアリティを共有できる将来像を描く際に、水辺はその中心となりうる。水のない生活・生業は日本では描きにくい。地域の将来像が描けたら、その将来像から逆算して、何年後にはこう、何ヵ月後にはこうと自分たちの行動規範やスケジュール、アクションプランをつくる。現在の生活様式や活動の延長線上にアクションプランをつくると「～ねばならない」「～すべき」と行動が硬直化しやすい。そうではなく「～となりたい」「～したい」と地域の合意形成のもとに、先人達の暮らしから学んできた、無理のない地域風土に根ざしたローカルルールを組み合わせて、創造的に駆動するまちづくりの場を継承したい。地域や組織の年配の方々からお話をうかがうと、これまでの活動や取組みは、たまたま時代に合わなかっただけで、革新的であったり創造性を秘めていたりすることが多い。これまでの合意形成の結果や、見過ごされてきた価値を掘り起こし、深掘りすることが、これからの活動のタネになる。

地域の過去と未来を整合させ、水と人との関係を学び地域のすがたを描く際には、地域の方々とおしゃべりしながらのまち歩きが有効だ。特に世代や地域を超えてまち歩きをすることで、懐かしいつながりが復活したり、新しい可能性が生まれたりする。思いついたことは、やってみることも大切だ。最初から成功することの方が稀で、何度か失敗を繰り返すこと、あるいは災害からの学びが地域コミュニティを鍛えてくれる（大熊孝2004）。

3 ふるさとをともにかたり続ける仕組みをつくる
──記憶の継承

佐藤・甲斐・北野は、その著書『コミュニティ・アーカイブを作ろう！』（佐藤ら2018）にて「市民自らがその地域・コミュニティの出来事や歴史を記録し、アーカイブ化することを「コミュニティ・アーカイブ community archive」といい」、専門家に頼らない「コンヴィヴィアルな道具」としてこのコミュニティ・アーカイブを用いて自分たちで記録し続けること、そのためのプラットフォームをつくることを提唱している。

流域治水に資する水辺の防災・減災まちづくりとして、このコミュニティ・アーカイブを、地域の風土に根ざしたかたちで、多様な人々とともに紡ぎ続けることが合意形成や協働の基盤となる。記憶の継承事業として、過去のまちづくりの取組みを紐解き、現代において実践し、未来の仲間に引き継ぐ。

治水と利水の関係は、日常と非日常の問題に置き換えられやすい。1／365日をどう考えるのか。水辺では、上手に非日常に対する備えを日常の中に埋め込み、災害が起こってしまえば、風景の中に日常性を読み取り、そこを目指して復興の歩みを進めることになる。

この時、コミュニティの拠り所になるのは、地域アイデンティティ、その地域の固有性「地域らしさ」である。文明によって支えられている日常の暮らしを、目まぐるしく変化する社会の中で、自分たちらしくアップデートするためには、地域らしさを基盤に長年培ってきた地域文化に従って「自分た

ちのことは、自分たちで決める」という自治の精神で、「なりたい地域」になるためのまちづくりを実践していく必要がある。

　場は3つの間から成る。ある時（時間）、ある場所（空間）で、共感で結び付いた仲間とともに、持続的なまちづくりを行う。日常と非日常は表裏一体、災害はいつ、どこで起こるか分からない。流域の全員で取り組む流域治水には、顔の見えるコミュニティの仲間とつくる祭りなど、地域文化と人々の共感に基づく共同作業が欠かせない。「情けは人のためならず」、まさに自分のために利他の活動を、繰り返し身体が覚えるように、繰り返すことが大切だ。

　日常と非日常をつなげて考える。客観的な科学的データに基づいた合理的な判断・行動と、地域のことは自分たちで決める、運命を天に任せない社会的教養に支えられた自治の精神、この両方を携え「ここで、この人々と暮らす」という矜持により流域治水に資する合意形成・協働はなしえる。市民、自治体、アソシエーションが、水や水害に関する思いや考えの違いを認め合った上で、それぞれの役割を果たし、さらには足らない部分を「おたがいさま」と補い合い、社会・環境を「ともにつくる」仕組み、生活を維持、発展させるための活動に展開していく場づくりが必要となる。

　そして、結果としてできあがった故郷に対する責任と愛着をシビックプライド（伊藤・紫牟田2008）と呼ぶ。まちづくりに終わりはない、時代とともに環境も変わり、社会的課題も移ろう。しかし、終わりがないことは悲しむべきものではない。ずっと取り組み続けられることを、楽しみに変えていければよい。

引用・参考文献

- NHKスペシャル取材班編著（2012）『無縁社会』、文藝春秋社
- 大熊孝（2004）『技術にも自治がある —治水技術の伝統と近代』、農山漁村文化協会
- 熊本大学くまもと水循環・減災研究教育センター（2019）『復興は木山中からプロジェクト2018記録誌』

- 熊本大学くまもと水循環・減災研究教育センター・益城町教育委員会（2020）『復興は木山中からプロジェクト2019記録誌』
- 古賀由美子・田中尚人・永村景子・本田泰寛（2010）「通潤用水の維持管理の変遷とその実態の明示」、土木史研究論文集、Vol.29、49-58頁
- 佐藤知久・甲斐賢治・北野央（2018）『コミュニティ・アーカイブをつくろう！ せんだいメディアテーク「３がつ11にちをわすれないためにセンター」奮闘記』、晶文社
- 高良幸作・田中尚人（2023）「熊本地震を契機とした記憶の語り直しに関する研究」、土木学会論文集Ｄ３（土木計画学）、Vol.78、No.5（土木計画学研究・論文集 第40巻）、I-71-I-78頁
- 田中尚人・坂井華海（2023）「クロスロードゲームにおける語り継ぎの場に関する研究」、土木学会論文集、Vol.79、No.10、論文ID22-00350
- 田中尚人・竹長健斗（2021）「クロスロードゲームにおけるジレンマの構造と共有過程に関する研究」、土木学会論文集Ｄ３（土木計画学）、No.76、No.5、I-173-I-183頁
- 西川正（2017）『あそびの生まれる場所—「お客様時代」の公共マネジメント』、ころから
- 益城町HP：https://www.town.mashiki.lg.jp/list00557.html　2024.5.31閲覧
- 故郷復興熊本研究所（柴田祐・佐々木康彦・田中尚人）編（2022）、特集 熊本の災害復興まちづくり 熊本地震からの復興のアウトライン、雑誌「造景」、pp.146-183、建築資料研究社
- 宮台真司・野田智義（2022）『経営リーダーのための社会システム論 構造的問題と僕らの未来』、至善館講義シリーズ、光文社
- 矢守克也（2011）『〈生活防災〉のすすめ 東日本大震災と日本社会』、ナカニシヤ出版
- 矢守克也・吉川肇子・網代剛（2005）『防災ゲームで学ぶリスク・コミュニケーション クロスロードへの招待』、ナカニシヤ出版
- 伊藤香織・紫牟田伸子（監修）・読売広告社都市生活研究所（著）（2008）『シビ

ックプライド―都市のコミュニケーションをデザインする』、宣伝会議

(田中　尚人)

あとがき

　本書の主題でもあり、また各章において繰り返し触れられているとおり、日本は、まさに「水害多発時代」を迎えている。本書を編集している2024年7月も、山形県、秋田県を中心とした東北地方日本海側において豪雨が発生し、河川の氾濫、土地の浸水などの被害が各地で報告されている。被災された皆様にお見舞いを申し上げるとともに、災害発生時の危機管理対応、応急復旧から復興にあたられている関係機関の皆様には感謝と敬意を表したい。

　気候変動の影響によって、近年は豪雨の頻度が高まっているだけでなく、既存の防災の計画やインフラの設計における基準を超えるような強度となることが当たり前となり、土地や家屋への浸水、インフラの破壊などの被害は激甚化している。このような豪雨による水害に対応するためには、従来の河川に閉じた治水から、地域全体の土地利用などを組み合わせた「流域治水」へと転換が迫られている。

　従来の治水政策においては、主要な河川の管理者である国、および都道府県が、ダムや河川、遊水地などの整備を中心とした防災・減災対策を担ってきたが、流域治水政策において集水域・氾濫原の土地も含めた防災・減災対策の重要性が増してきたことで、都市計画を中心とした土地利用行政の役割が新たに追加され、これらを地域の実情に応じて、住民とともに検討する基礎自治体の役割が大きくなっている。つまり、水害多発時代においては、基礎自治体が「流域治水」の原理を理解し、その実現を目指さなければ、立ち行かないといえる。本書は、こうした「流域治水」を担う自治体職員の日々の取組みの一助や励みになることを目的とした書籍である。

　公益財団法人日本都市センターは、全国市長会を母体とするシンクタンクとして、都市自治体（市・区）の行政課題や政策に関する調査研究を主要な事業としている。上記の背景のもと、流域治水の推進のために自治体にどのような対応が求められるかを調査、研究するために、日本都市センターでは2022年度から2023年度にかけて「気候変動に対応した防災・減災のまちづくりに関する研究会」を設置した。研究会の構成員は以下のとおりである。

あとがき

気候変動に対応した防災・減災のまちづくりに関する研究会構成員（当時）

座長	内海 麻利	駒澤大学法学部 教授
委員	大谷 基道	獨協大学法学部総合政策学科 教授
	田中 尚人	熊本大学大学院 先端科学研究部 准教授
	中村 晋一郎	名古屋大学大学院 工学研究科　准教授
	松川 寿也	長岡技術科学大学 工学部 准教授
事務局	米田 順彦	日本都市センター理事・研究室長
	髙野 裕作	日本都市センター研究員

　本研究会では上記の学識者を中心に、瀧健太郎・滋賀県立大学教授にゲストスピーカーとして話題提供をいただくなど、活発な議論が行われた。また、全国815市区を対象としたアンケート調査、特徴的な取組みを行っている自治体へのヒアリング調査を通じて、調査研究を進めてきた。アンケート調査の集計結果は、日本都市センターのウェブサイトにおいて公開をしている。

　本書はこの研究会における議論と調査の成果を踏まえ、研究会の構成員および瀧氏に執筆いただいた論考を取りまとめたものである。流域治水の原理から、実践的な議論である自治体の組織、条例、土地利用、まちづくりと合意形成まで、本書の多岐にわたる内容が、さまざまな立場から治水、防災・減災に携わる皆様、特に自治体の長や議員、職員の皆様にとって参考となれば幸いである。

　本研究会における調査研究を行うにあたっては、全国市有物件災害共済会の助成をいただいた。アンケート調査にご回答をいただいた全国の市・区の皆様、ヒアリング調査を受け入れいただいた滋賀県、藤枝市、伊豆市、岡山市などのご担当者の皆様には、公務多用のなか調査へのご協力を賜った。また、本書の出版にあたっては、第一法規株式会社制作局編集第二部の木村文男氏・柄沢純子氏には多大なるお力添えをいただいた。ここに記して御礼を申し上げたい。

公益財団法人　日本都市センター

事項索引

【数字】
- 3411条例 ······················ *158, 160*
- 3412条例 ······················ *158*

【あ】
- アソシエーション ············ *188, 211*
- アーカイブ ············ *199, 208, 210*
- 維持管理業務 ··················· *90*
- 伊豆市 ························ *121*
- 伊勢崎市 ······················· *83*
- 委任条例 ················ *116, 130*
- 岡山市 ························ *123*

【か】
- 開発許可条例 ············ *157, 159*
- 開発許可制度 ·················· *135*
- 開発等に伴う雨水流出増に対する流出抑制対策の義務付け（雨水浸透阻害行為の許可） ·············· *64*
- 確率主義 ························ *4*
- 河水統制 ························ *4*
- カスリーン台風 ·················· *4*
- 河川計画 ······················· *19*
- かわまちづくり ······ *190, 202, 204*
- 管轄 ················ *101, 103, 129*
- 既往最大主義 ···················· *3*
- 技術的助言 ···················· *170*
- 逆線引き ······················ *141*
- 旧特定都市河川浸水被害対策法 ····· *9*
- 競争率 ························ *86*
- 共同採用方式 ··················· *92*
- 居住誘導区域 ·········· *146, 147, 150*

- 勤務地域 ······················· *90*
- 区域区分制度 ·················· *135*
- 熊本地震 ·············· *186, 196, 207*
- 倉敷市 ························ *11*
- グリーンインフラ ··············· *46*
- 建築基準法 ····················· *36*
- 兼務職員 ······················· *83*
- 合意形成 ······················· *43*
- 公民連携 ·············· *186, 195, 207*
- 合理性 ·················· *103, 130*
- コミュニティ ·········· *186, 193, 207*
- コンパクトシティ政策 ······ *142, 143*

【さ】
- 災害危険区域 ··················· *36*
- 災害対策基本法 ··················· *4*
- 採用試験 ······················· *85*
- 市街化区域 ···················· *135*
- 市街化調整区域 ················· *135*
- 市街地部 ······················ *134*
- 滋賀県 ···················· *24, 110*
- 滋賀県流域治水基本方針 ·········· *30*
- 滋賀県流域治水の推進に関する条例 ························· *30*
- 自己啓発支援 ··················· *94*
- 自主研活動 ····················· *95*
- 自主条例 ············ *116, 130, 141*
- 辞退者 ························ *86*
- シビックプライド ······ *189, 205, 211*
- 受験者 ························ *86*
- 首長直轄組織 ··················· *79*
- 将来人口フレーム ··············· *139*

217

事項索引

- 人材育成 ………………………………… *93*
- 人材育成・確保基本方針 ………… *92*
- 人事交流 ………………………………… *94*
- 浸水警戒区域 ……………… *38, 109, 111, 128*
- 浸水想定区域 ……………… *122, 128, 146, 147*
- 浸水被害防止区域
  …………………… *49, 64, 102, 105, 152*
- 水害常襲地 …………………………… *164*
- 水害多発時代 …………………… *2, 127*
- 水害ハザード区域 ………………… *135*
- 水害リスク対応 …………………… *152*
- 生活防災 ………………………… *191, 212*
- 政策法務 ………………………………… *29*
- 線引き制度 …………………………… *135*
- 総合性 …………………………… *101, 129*
- 総合治水 ……………………………… *6, 27*
- 総合治水対策 …………………………… *7*
- 総合治水対策特定河川事業 ………… *5*
- 組織・人員体制 ……………………… *76*
- ゾーニング …………………………… *134*

【た】

- 高水事業（治水事業） ………………… *3*
- 武雄市 …………………………………… *82*
- 足し算のアプローチ ………………… *31*
- 地域防災力向上対策 ………………… *31*
- 小さな自然再生 ……………………… *52*
- 小さな流域治水 ……………………… *52*
- 治河使 …………………………………… *3*
- 地区計画 ……………………………… *105*
- 地先の安全度 ………………………… *32*
- 治山事業 ………………………………… *3*
- 治山治水緊急措置法 ………………… *4*
- 治水策要領 ……………………………… *3*
- 治水特別会計法 ………………………… *4*

- 治水の歴史 ……………………………… *2*
- 治水法規 ………………………………… *3*
- 中途採用（経験者採用） …………… *91*
- 庁内連携 ……………………… *186, 195, 207*
- 貯留機能保全区域 ………………… *49, 64*
- 低水事業 ………………………………… *3*
- 堤防効果 ………………………………… *13*
- 通潤用水 ……………………… *194, 195, 212*
- 特定都市河川 …………………………… *62*
- 特定都市河川浸水被害対策法
  ……………………………… *6, 7, 49, 102*
- 特定都市河川浸水被害対策法の
  改正 …………………………………… *141*
- 都市型洪水 ……………………………… *5*
- 都市機能誘導区域 …………………… *143*
- 都市計画基準 ………………………… *136*
- 都市計画制限 ………………………… *156*
- 都市計画法 …………………… *36, 104, 135*
- 都市再生特措法 ……………………… *169*
- 土地利用・住まい方の工夫 ……… *36*
- 土木職 …………………………………… *84*

【な】

- ナショナル・ミニマム ……………… *15*
- 農振農用地 …………………………… *140*
- 農村部 ………………………………… *156*

【は】

- バックウォーター ……………………… *9*
- 氾濫域 ……………………… *25, 27, 52, 100*
- 氾濫原減災対策 ……………………… *31*
- ファシリティ・ドローイング … *208*
- 藤枝市 …………………………………… *81*
- 防災指針 ……………………………… *145*
- ボトムアップ ………………………… *52*

218

【ま】

- 益城町記憶の継承事業 ……………… *199*
- まちづくり ……………… *186, 196, 210*
- 水循環基本法 ……………… *101*
- 水防災意識社会 ……………… *8*

【や】

- 誘導区域 ……………… *142*

【ら】

- リスクコミュニケーション ……… *39*
- 立地適正化計画 ……… *60, 105, 123*
- 立地適正化計画制度 ……… *142*
- 流域水害対策協議会 ……………… *67*
- 流域水害対策計画 ……… *63, 102*
- 流域治水 ……………… *i, 8, 193, 210*
- 流域治水関連法 ……………… *100*
- 流域治水協議会 ……………… *18, 67*
- 流域治水条例 ……… *106, 118, 131*
- 流域治水政策 ……………… *31*
- 流域治水の原理 ……… *ii, 19, 100, 131*
- 流域治水の特徴 ……………… *3*
- 流域貯留対策 ……………… *31*
- レジリエンス ……………… *186, 205*
- ローカルルール ……… *192, 195, 209*

著者紹介

内海　麻利（うちうみ　まり）編著・第 5 章
駒澤大学法学部教授〔都市計画、都市政策、地方行政〕
横浜国立大学工学研究科博士課程修了、パリ第Ⅷ大学フランス都市計画研究所客員研究員などを経て現職。博士（工学）・博士（政治学）。『縮減社会の管轄と制御』（編著）法律文化社2024、『縮退の時代の「管理型」都市計画』（編著）第一法規2021、『都市計画の構造転換』（共著）鹿島出版会2021、『まちづくり条例の実態と理論』（単著）第一法規2010ほか。

中村　晋一郎（なかむら　しんいちろう）第 1 章
名古屋大学大学院工学研究科准教授〔水文学、水資源学、国土デザイン学〕
東京大学大学院工学系研究科修士課程修了、民間建設コンサルタント、東京大学総括プロジェクト機構「水の知」（サントリー）総括寄付講座特任助教などを経て、2018年11月より現職。博士（工学）。『洪水と確率——基本高水をめぐる技術と社会の近代史——』（単著）東京大学出版会2021ほか、国内外の主要学術誌における論文多数。

瀧　健太郎（たき　けんたろう）第 2 章
滋賀県立大学環境科学部教授〔流域政策・計画、水工学、応用生態工学〕
京都大学大学院工学研究科博士前期課程修了、株式会社建設技術研究所、滋賀県庁を経て現職。技術士（建設部門）・博士（工学）。『流域治水って何だろう？　人と自然の力で気候変動に対応しよう』（監修）PHP研究所2023、『人と生態系のダイナミクス⑤河川の歴史と未来』（共著）朝倉書店2021、『実践版！グリーンインフラ』（共著）日経BP社2020。

髙野　裕作（たかの　ゆうさく）第3章

(現在) 一般財団法人交通経済研究所研究員

(執筆時) 公益財団法人日本都市センター研究員〔都市計画、景観計画、公共交通・モビリティ政策、地理情報システム〕

早稲田大学大学院創造理工学研究科博士後期課程満期退学。修士（工学）。早稲田大学助手、公益財団法人日本都市センター研究員 などを経て現職。「自治体別通勤・通学時利用交通手段構成の変化パターンとコンパクトシティ政策との関係性―2000年・2010年・2020年国勢調査を基にした基礎的分析―」都市計画論文集, No.58-3, pp1654-1661, 2023（単著）。「都市自治体による公共交通政策に関連した財政支出に関する研究―全市区を対象としたアンケート調査の分析―」都市計画論文集, No.53-3, pp1385-1392, 2018（共著）。「街路の形態的特性に基づく媒介中心性と形成年代との関係性に関する研究」土木学会論文集D3, 74巻3号, pp.183-192, 2018（共著）。

大谷　基道（おおたに　もとみち）第4章

獨協大学法学部教授〔行政学、地方自治論〕

早稲田大学大学院政治学研究科博士後期課程研究指導終了退学。博士（政治学）。茨城県職員、日本都市センター主任研究員、名古屋商科大学教授等を経て2016年から現職。『職員減少時代の自治体人事戦略』（共著）ぎょうせい2021、『現代日本の公務員人事』（共編著）第一法規 2019、『東京事務所の政治学』（単著）勁草書房 2019。

著者紹介

松川 寿也（まつかわ としや）第6章・第7章
長岡技術科学大学環境社会基盤系准教授〔都市計画、都市と農村の土地利用計画制度〕
長岡技術科学大学大学院工学研究科博士課程修了。博士（工学）。『都市縮小時代の土地利用計画』（共著）学芸出版社2017、『人口減少時代における土地利用計画』（共著）学芸出版社2010、『ラーバンデザイン―都市×農村のまちづくり』（共著）技報堂出版2007。

田中 尚人（たなか なおと）第8章
熊本大学大学院先端科学研究部准教授〔土木史、景観まちづくり、都市地域計画〕
京都大学大学院工学研究科博士課程中退、京都大学助手、岐阜大学講師、フランス国立工芸学院（CNAM）客員教授などを経て現職。博士（工学）。『土木と景観―風景のためのデザインとマネジメント』（編著）学芸出版社2007、『風景のとらえ方・つくり方―九州実践編』（共著）共立出版2008、『コミュニティ・マネジメントのすすめ』（共著）成文堂2013、『都市を編集する川：広島・太田川のまちづくり』（共著）渓水社2019。

サービス・インフォメーション
──── 通話無料 ────
① 商品に関するご照会・お申込みのご依頼
　　TEL 0120(203)694／FAX 0120(302)640
② ご住所・ご名義等各種変更のご連絡
　　TEL 0120(203)696／FAX 0120(202)974
③ 請求・お支払いに関するご照会・ご要望
　　TEL 0120(203)695／FAX 0120(202)973

● フリーダイヤル（TEL）の受付時間は、土・日・祝日を除く
　9:00～17:30です。
● FAXは24時間受け付けておりますので、あわせてご利用ください。

水害多発時代の流域治水
―自治体における組織・法制・条例・土地利用・合意形成―

2024年11月20日　初版発行

編　著　　内海麻利・日本都市センター

著　者　　大谷基道　髙野裕作　瀧健太郎　田中尚人
　　　　　中村晋一郎　松川寿也

発行者　　田　中　英　弥

発行所　　第一法規株式会社
　　　　　〒107-8560　東京都港区南青山 2-11-17
　　　　　ホームページ　https://www.daiichihoki.co.jp/

自治流域治水　ISBN 978-4-474-04697-9　C2031　(9)